부록1: 책에 소개된 절과 유물 지도

- 파란색 숫자는 해당 유물의 사진이 실린 본문 페이지다.
- 절 이름 앞에 *표시가 있는 경우는 유네스코 세계문화유산에 등재된 곳이다.

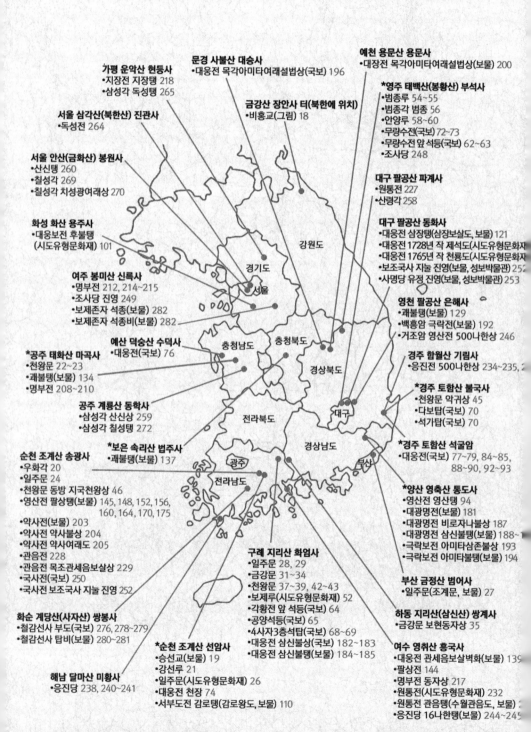

가평 운악산 현등사
- 지장전 지장탱 218
- 삼성각 독성탱 265

문경 사불산 대승사
- 대웅전 목각아미타여래설법상(국보) 196

예천 용문산 용문사
- 대장전 목각아미타여래설법상(보물) 200

서울 삼각산(북한산) 진관사
- 독성전 264

금강산 장안사 터(북한에 위치)
- 비홍교(그림) 18

*영주 태백산(봉황산) 부석사
- 범종루 54~55
- 범종각 범종 56
- 안양루 58~60
- 무량수전(국보) 72~73
- 무량수전 앞 석등(국보) 62~63
- 조사당 248

서울 안산(금화산) 봉원사
- 산신탱 260
- 칠성각 269
- 칠성각 치성광여래상 270

대구 팔공산 파계사
- 원통전 227
- 산령각 258

화성 화산 용주사
- 대웅보전 후불탱
  (시도유형문화재) 101

대구 팔공산 동화사
- 대웅전 삼장탱(삼장보살도, 보물) 121
- 대웅전 1728년 작 제석도(시도유형문화재)
- 대웅전 1765년 작 천룡도(시도유형문화재)
- 보조국사 지눌 진영(보물, 성보박물관) 252
- 사명당 유정 진영(보물, 성보박물관) 253

여주 봉미산 신륵사
- 명부전 212, 214~215
- 조사당 진영 249
- 보제존자 석종(보물) 282
- 보제존자 석종비(보물) 282

영천 팔공산 은해사
- 괘불탱(보물) 129
- 백흥암 극락전(보물) 192
- 거조암 영산전 500나한상 246

예산 덕숭산 수덕사
- 대웅전(국보) 76

경주 함월산 기림사
- 응진전 500나한상 234~235,

*공주 태화산 마곡사
- 천왕문 22~23
- 괘불탱(보물) 134
- 명부전 208~210

*경주 토함산 불국사
- 천왕문 악귀상 45
- 다보탑(국보) 70
- 석가탑(국보) 70

공주 계룡산 동학사
- 삼성각 산신상 259
- 삼성각 칠성탱 272

*경주 토함산 석굴암
- 대웅전(국보) 77~79, 84~85,
  88~90, 92~93

순천 조계산 송광사
- 우화각 20
- 일주문 24
- 천왕문 동방 지국천왕상 46
- 영산전 팔상탱(보물) 145, 148, 152, 156,
  160, 164, 170, 175
- 약사전(보물) 203
- 약사전 약사불상 204
- 약사전 약사여래도 205
- 관음전 228
- 관음전 목조관세음보살상 229
- 국사전(국보) 250
- 국사전 보조국사 지눌 진영 252

*보은 속리산 법주사
- 괘불탱(보물) 137

*양산 영축산 통도사
- 영산전 영산탱 94
- 대광명전(보물) 181
- 대광명전 비로자나불상 187
- 대광명전 삼신불탱(보물) 188~
- 극락보전 아미타삼존불상 193
- 극락보전 아미타불탱(보물) 194

화순 계당산(사자산) 쌍봉사
- 철감선사 부도(국보) 276, 278~279
- 철감선사 탑비(보물) 280~281

구례 지리산 화엄사
- 일주문 28, 29
- 금강문 31~34
- 천왕문 37~39, 42~43
- 보제루(시도유형문화재) 52
- 각황전 앞 석등(국보) 64
- 공양석등(국보) 65
- 4사자3층석탑(국보) 68~69
- 대웅전 삼신불상(국보) 182~183
- 대웅전 삼신불탱(보물) 184~185

부산 금정산 범어사
- 일주문(조계문, 보물) 27

*순천 조계산 선암사
- 승선교(보물) 19
- 강선루 21
- 일주문(시도유형문화재) 26
- 대웅전 천장 74
- 서부도전 감로탱(감로왕도, 보물) 110

하동 지리산(삼신산) 쌍계사
- 금강문 보현동자상 35

해남 달마산 미황사
- 응진당 238, 240~241

여수 영취산 흥국사
- 대웅전 관세음보살벽화(보물) 139
- 팔상전 144
- 명부전 동자상 217
- 원통전(시도유형문화재) 232
- 원통전 관음상(수월관음도, 보물)
- 응진당 16나한탱(보물) 244~245

부록2: 절 배치도

- 절에 따라 건물의 개수, 구성, 위치, 이름 등이 조금씩 달라진다.
- 삼성각은 산신각, 독성각, 칠성각을 하나로 합친 것이다.

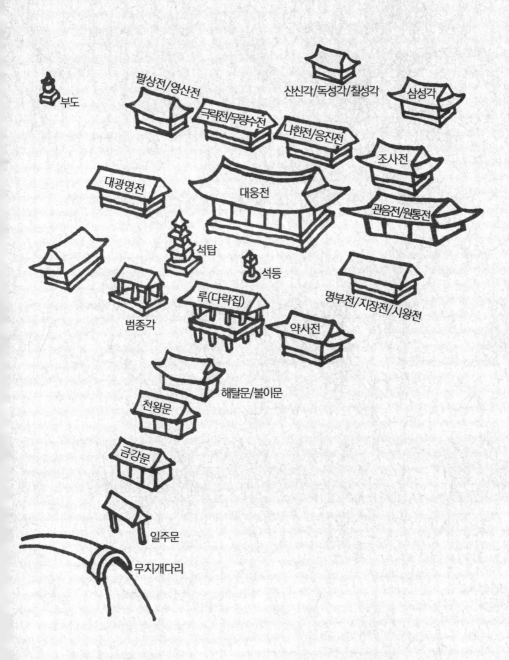

누구나 찾지만 잘 알지 못하는 사찰을
구석구석 즐기는 방법

아름다운 우리 절을 걷다

탁현규 지음

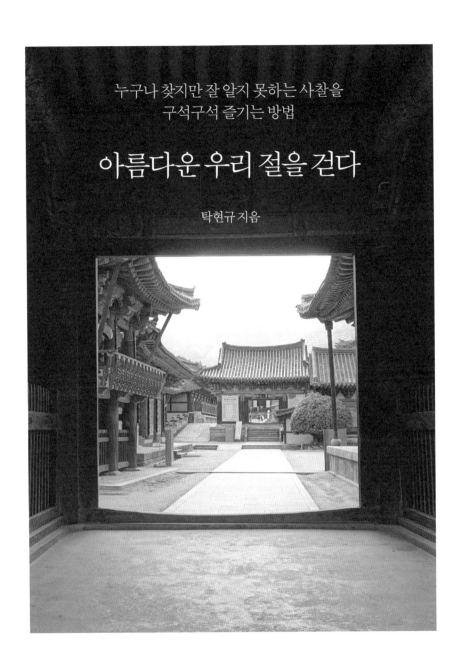

지식서재

차례

부석사 경내.

들어가는 글

흙바닥이 좋았다. 비가 와서 질척해도 좋았다. 나무집이 좋았다. 여름에 더워도 겨울에 추워도 좋았다. 붉은 칠을 한 나무기둥과 검은 기와지붕은 궁합이 맞았다. 절집들은 모두 1층이어서 집 뒤가 눈에 훤히 들어왔다. 집 안에 들어가면 조각도 있고 그림도 있고 때때로 음악도 있었다. 그리고 말없이 자신을 낮추는 사람들도 있었다. 가져온 공양물을 부처님 앞에 올려놓는 사람들은 모두 경건했다. 집 안 사방 벽에 그림이 걸려서 사람들은 사방 벽 모두에 절을 하며 한 바퀴 돈다. 그리고 신을 신고 나와 이번엔 다른 집으로 다시 신을 벗고 들어간다. 신을 벗는 일도 겸손을 뜻하는 것이 아니겠는가.

절에 있는 여러 집은 크기가 모두 달랐고 안에 모셔진 조각상들의 생김새도 달랐다. 그러면서도 집집마다 구성은 비슷하여 묘하게 통일감이 느껴졌다. 여러 집들마다 신발 벗고 들어가 절하고 나오다 보면 그 나름 운동이 되었다. 절은 산속에 있어서 공기가 좋았고 비가 오나 눈이 오나 바람이 부나 항상 조용했다. 절 마당 느티나무 아래에서 마시는 약숫물은 다디달았다. 아! 이것이 절에 가는 즐거움이던가.

이렇게 절을 찾아다니다 알게 된 것은 절 구성이 다 다른 것 같아도 큰 틀에서는 비슷하다는 사실이다. 그리고 큰 틀에서 비슷해도 똑같은 절은 있지 않았다. 절은 모두 산속에 있었고 산 지형은 모든 절이 달랐다. 그러니 똑같은 절이 있을 수 없는 노릇이다. 또 집 이름이 절마다 조금씩 다른 것도 흥미로웠다. 어디는 극락전인데 어디는 무량수전이고 어디는 명부전인데 어디는 지장전으로 이름도 하나가 아니었다. 가장 신기했던 것은 절에 있는 무수한 사물들이 한꺼번에 눈에 들어오지 않고 하나하나 공부하고 나서야 비로소 눈에 들어왔다는 사실이다.

나는 조선 불교 그림 가운데 대웅전에 걸리는 삼장탱화를 공부하여 박사논문을 썼다. 그래서 논문을 위해 본격 절 답사를 다녔을 때는 삼장탱화만 눈에 들어왔다. 다른 불교미술품들은 볼 여유도 관심도 부족했다. 그러다 박사논문을 끝내고 나서 다른 불교미술들을 공부하고 절에 가니 이전에는 안 보이던 것들이 눈에 들어오기 시작했다. 관심이 있어야 공부하고 공부해야 눈에 들어온다는 사실을 깨달았다. 그러고 나서 절에는 참으로 공부할 것이 많다는 것을 알게 되었다. 부처님 말씀이 방대한 것만큼이나 불교미술은 다채로웠다. 같은 대웅전이라도 모든 대웅전 미술이 다 달랐음에랴. 그래도 기본 틀을 알게 되니 차이에서 공통점이 보였다.

이 책은 그 차이들에서 뽑아낸 공통점을 이야기하는 책이다. 물론 공통점을 특정 미술품 없이 이야기하는 것은 불가능하다. 그리하여 절에서 만나는 불교미술품에서 각 분야를 대표하는 작품을 정하여 이를 설명하는 방식을 취했다. 물론 이 책에 나오는 작품들말고도 뛰어난 작품들이 있겠지만 내가 직접 절에 가서 본 작품들로 이야기를 엮었다. 절에 있는 모든 집과 미술품을 다루지는 못했다. 대신 거의 모든 절에서 공통으로 만날 수 있는 집과 미술품은 빼놓지 않으려고 했다. 다만 스님들이 거처하는 공간은 넣지 못했다. 한국 절의 특징 가운데 하나가 신도들이 참배하는 공간과 스님들이 생활하며 수행하는 공간이 같이 어울린 점이지만 스님들의 공간은 참배객들에게는 접근하기 어려운 곳이다.

이 책에서는 여행자들이 절로 들어가며 처음 만나는 일주문부터 절을 빠져나오며 마지막으로 만나는 부도림까지 여러 공간에 모셔진 조각상과 탱화들의 의미와 특징을 살펴보았다. 탱화幀畵란 티베트어 '탕카thangka'의 뜻과 소리를 동시에 번역한 말이다. 탕카는 티베트 불교에서 걸개그림을 부르는 용어인데 이것을 받아들여 '족자 정幀', '그림 화畵', 이렇게 뜻으로 먼저 번역하고 나서 '족자 정' 발음을 탱으로 바꾸어 탱화라고 부르게 되었다. 그러니까 탱화는 불교 걸개그림을 뜻한다. 탱화를 줄여 탱이라고도 많이 쓴다.

불교미술이 어려운 것은 탱화가 어려워서다. 조각상은 입체이고 단독으로 자리하고 앞쪽에 나와 있어서 알기 어렵지 않다. 하지만 탱화는 커다란 화폭 위에 여러 인물들이 화면을 가득 채우고 서로 겹쳐 서기까지 하여 그 인물이 그 인물 같아 눈에 잘 들어오지 않는다. 더군다나 조각상 뒤쪽에 걸려 있어 조각상에 가려지거나 멀리 있어 보려고 해도 보이지 않는다. 그리하여 탱화는 보기를 포기한다.

그런데 절에 가면 조각상보다 많은 것이 탱화다. 내용 면에서도 탱화가 조각상보다 훨씬 풍부하다. 그래서 이 책에서는 탱화 속 도상圖像을 풀이하는 데 중점을 두었다. 탱화 속 각 성중聖衆(성스러운 무리)의 생김새와 역할을 알고 나면 절집 구경이 이보다 재미있을 수 없다. 조선 탱화는 밑그림이 다음 세대로 이어지며 발전하기 때문에 모범이 되는 탱화 1점만 잘 파악하면 시기가 앞뒤로 있는 나머지 탱화를 이해하는 것도 어렵지 않다.

절은 전통 미술의 보물창고다. 건축, 조각, 회화, 공예 등 이 모든 것이 절에 있다. 더군다나 한 절 안에 통일신라 물건부터 조선 시대 물건까지 천년의 시간이 같이 있다. 이는 서양 성당과 교회 안에 서양 미술의 핵심이 모두 있는 것과 마찬가지다. 따라서 절을 찾아가는 것은 옛것의 아름다움을 만나는 최고의 경험이 된다.

절에 늘상 가서 기도드리는 신자들도 매번 절하는 불·보살상에 대해서는 잘 모르는 경우가 많고 매번 마주하는 불교미술품이 어떤 아름다움을 갖췄는지 깨닫지 못할 때가 많다. 이들에게는 이 책이 불심佛心을 더욱 돈독히 하는 길잡이가 될 것이다. 아울러 놀러 절에 가는 사람들에게는 너른 절 마당만 한 바퀴 휙 돌고 나오지 않게 하는 안내서가 될 것이다.

무더운 날씨에 원고를 편집하고 교정하고 탱화 배치도까지 만들어 준 지식서재에 감사드린다. 이 책을 평생 자식들 뒷바라지하느라 애쓰신 나의 어머니 기계杞溪 유兪씨 정재貞在 여사께 바친다.

2021년 8월 15일
경기 고양시 일산 집에서
탁현규 씀

선암사 가는 길.

제1장

절로 들어가며

선암사 입구

무지개다리,
이 언덕에서 저 언덕으로 건너가는 다리

금강산 최대 절인 장안사에 들어가려면 장안사 옆으로 흐르는 금강천
金剛川을 건너야 한다. 금강천은 금강내산 모든 골짜기 물들이 만폭동
에서 하나로 합쳐진 후 생긴 것으로 그 수량이 어마어마하다. 그러니
그 거센 물살을 버티고 사람들을 안전하게 건네줄 튼튼한 돌다리가
있어야 한다. 이것이 그 유명한 장안사 비홍교飛虹橋다. '나는 무지개다
리'란 뜻으로 반원형 돌다리다. 이 돌다리를 건너 장안사로 들어간다.

　무지개다리를 건너야 절에 들어갈 수 있는 것은 장안사만이 아니다.
우리나라 절들은 계곡 옆에 터를 잡는 경우가 많다. 이는 절에 사람이
살며 가장 필요한 것이 물이기 때문이다. 그리고 산은 능선 길보다 계
곡 길이 오르기에 좋아서 웬만한 절들은 모두 계곡 옆 너른 터에 자리
잡는다. 산이 깊으면 물이 많고 물이 많으면 돌다리를 크게 세워야 하
니 무수한 절에서 무수한 무지개다리가 세워졌다.

　불교의 목적은 차안此岸에서 피안彼岸으로 건너가는 것이다. 차안은
우리가 사는 이 세상이고 피안은 깨달음의 세계다. 이 언덕에서 강을
건너 저 언덕으로 건너가는 것이 해탈이고 깨달음이다. 그리하여 절

조선 화가 겸재 정선이 그린 <장안사>. 실제 장소가 북한 땅에 있어서 찾아가기는 어렵지만 그림을 통해 금강산 산세와 어우러진 무지개다리를 상상해 볼 수 있다. 절 입구에 있는 무지개다리를 건넌다는 것은 고통 많은 이 세계에서 깨달음의 저 세계로 넘어간다는 해탈을 의미한다.

입구의 무지개다리는 차안에서 피안으로 건너가는 장소로 볼 수 있다. 이렇게 무지개다리가 상징성을 띠니 각 절마다 무지개다리를 크고 아름답게 만들려는 노력이 오랜 세월 이어졌다.

선암사 입구에 있는 무지개다리인 승선교.

　　우리나라 절들의 무지개다리 가운데 가장 유명한 다리는 순천 조계
산 선암사의 무지개다리다. 선암사에서는 이 다리를 승선교昇仙橋라 부
른다. '선계로 오르는 다리'란 뜻이다. 그렇다면 부처님의 세계를 신선

순천 송광사에 있는 무지개다리 위의 집인 우화각. 우화각을 건너는 순례객들은 신선 세계로 들어가는 셈이다.

세계로도 보았다는 말이다. 이것은 절이든 신선 세계든 모두 산속에 있기 때문일 것이다. 그래서 부처님을 금으로 된 신선이라 하여 금선金 仙이라고도 부른다. 선암사와 가까운 순천 조계산 송광사에서는 무지 개다리 위의 집을 우화각羽化閣이라고 불렀다. 우화란 '날개가 돋아 신 선이 된다'는 우화등선羽化登仙을 줄인 말이다. 그러니까 우화각을 통 해 신선 세계로 들어간다.

　선암사 승선교는 숙종 대 선암사를 중건한 호암護巖 약휴선사若休禪 師(1664~1738)가 세웠다고 하니 다리 나이가 300년이 넘었다. 300년 동

선암사 강선루. 오른쪽 뒤로 승선교가 보인다. 부처님 세계를 신선 세계에 비유했음을 알 수 있다.

안 끄떡없이 버티고 있어 선암사의 얼굴과도 같은데 선암사 승선교의
또 다른 아름다움은 다리 반원 사이로 보이는 강선루降仙樓다. 승선은
선계로 오른다는 뜻이고 강선은 선계로 내려온다는 뜻으로 짝이 맞
는다. 정면 3칸, 측면 2칸의 강선루가 계곡과 어울려 하나가 된 모습을
승선교 다리 아래 반원을 통해 바라다보면 "이것이야말로 산수와 인문
의 만남이로구나"라는 탄성이 나온다. 여기서부터 신선 세계라고 말한
옛사람들 마음이 이해가 된다. 무지개다리를 건너 산속으로 깊이 들어
가면 순례객을 처음 맞이하는 것은 일주문이다.

마곡사 천왕문.

제2장

깨달음의 세계로 들어가는 3개의 문

순천 송광사 일주문.

일주문, 부처의 세계로 들어가는 문

절이 시작되는 곳이다. 이 문을 들어서면 세속을 떠나 부처님의 세계로 들어간다. 이 문을 통과하는 순례객들은 여기서부터는 마음을 가다듬어야 한다. 일주一柱는 1줄의 기둥이란 뜻이다. 기둥 2개를 세우고 그 위에 지붕을 올려 일주문을 만든다. 양반집 대문이 솟을대문으로 3칸인 것과 달리 일주문은 1칸이다. 솟을대문에는 여닫이 문짝을 달아 열고 닫지만 일주문은 문짝이 없어 열거나 닫지 않는 항상 열려 있는 문이다. 문 좌우가 담으로 연결되는 경우가 별로 없기 때문이다. 즉 일주문은 상징의 문이다.

　일주문에는 이곳이 어느 산 어느 절인지 말해 주는 현판이 걸려 있다. 현판은 가로 1줄로 산 이름과 절 이름 여섯 글자를 해서로 써서 거는 것이 보통이다. 그렇다고 모든 절 일주문 현판이 가로 1줄인 것은 아니다. 선암사 일주문 현판은 세로 3줄이다. 절에서 처음 만나는 문자가 일주문 현판 글씨다. 절 일주문은 절마다 각각의 특색을 가지고 있어 그 절의 첫인상이 된다. 한편 선암사 일주문은 양쪽에 담장이 이어져 있어 모든 절 일주문에 담장이 없는 것은 아니라는 사실을 알 수

선암사 일주문. 현판에 '조계산 선암사'라고 쓰여 있다. 보통 일주문에는 담장이 없으나 이 일주문은 담장을 가지고 있다.

있다.

일주문의 아름다움은 지붕에 있다. 기둥 2개 위에 높게 올린 지붕은 목조건축의 아름다움을 한껏 드러낸다. 수직 기둥과 수평 지붕이 빚어내는 조화의 아름다움이다. 일주문의 다양성은 1칸을 벗어나 3칸짜리 일주문에서 빛을 발한다. 부산 금정산 범어사 일주문은 한국 절 일주문 가운데는 드물게 3칸이어서 독특하다. 돌기둥 4개 위에 나무기둥 4개를 올려 칸 수가 늘어나 현판도 '선찰대본산禪刹大本山', '조계문曹溪門', '금정산범어사金井山梵魚寺', 이렇게 셋을 달았다. 양쪽 현판은

일주문은 대개 1칸이지만 범어사 일주문은 3칸이다. 칸이 늘어난 만큼 현판도 셋이나 달았다.

크게 하고 가운데 현판은 작게 하여 강약을 조절했다.

　한국 절의 많은 일주문 가운데 구례 지리산 화엄사 일주문은 손꼽히는 작품이다. 일주문 지붕으로는 드물게 팔작지붕으로 하여 높고 당당하다. 지붕이 크다 보니 두 기둥 앞뒤로 가는 기둥을 세워 지붕을 받쳤다. 양쪽에는 담장이 이어지고 일주문으로는 특이하게 문짝을 달았다. 현판 글씨 또한 지붕이 장중한 것만큼 굳세고 힘이 있다. 이것은 선조의 여덟 번째 왕자인 의창군 광珖(1589~1645)이 석봉체로 썼다. 세로 3줄로 '지리산화엄사智異山華嚴寺'라고 쓴 현판 글씨는 이후 조선 시

화엄사 일주문은 다른 일주문과 달리 팔작지붕을 이고 문짝까지 달고 있다.

대 절 현판 글씨의 모범이 되었다. 이제 일주문 안으로 들어가면 두 번째 문이 나타난다.

화엄사 일주문 현판. 선조의 여덟 번째 왕자인 의창군 광이 썼다.

금강문, 2명의 금강역사가 지키는 문

두 번째 문은 금강문金剛門이다. 금강은 불교에서 자주 쓰는 용어로 영어로 하면 다이아몬드다. 그래서 금강문을 영어로 하면 '게이트 오브 다이아몬드Gate of Diamond' 정도 될 것이다. 금강문에는 문안으로 삿된 것들이 들어오는 것을 막는 금강역사가 자리한다. 요즘식으로 말하면 절 1차 검문소다. 그렇다면 금강역사는 누구인가. 경전에 8금강이라고 등장하는 신중神衆들로, 부처님과 부처님의 법을 지키는 임무를 맡은 지신地神이다. 이들은 다이아몬드와 같은 강한 힘을 지니고 있기 때문에 금강역사라고 불린다.

화엄사 금강문을 한번 보자. 정면 3칸, 측면 2칸짜리 문으로 가운데 칸이 앞뒤로 뚫려 통과하게 되어 있다. 문안으로 들어서면 양쪽에 대칭으로 금강역사 한 쌍이 문 입구 쪽을 향해 자세를 취했다. 오른쪽부터 보면 흙으로 빚은 장대한 금강역사상이 순례객을 압도한다. 우락부락한 눈·코·입과 불끈한 근육에서 부처님을 지키려는 굳은 의지가 느껴지는데 오른팔은 위로 들고 주먹을 쥐어 악한 기운을 당장이라도 내려칠 기세다. 왼손에는 금강역사의 강력한 무기인 금강저金剛杵, 즉 다

화엄사 금강문. 문안으로 삿된 것들이 들어오는 것을 막는 금강역사가 자리한다.

이아몬드 방망이를 들어 만약의 사태에 대비하고 있다. 상체는 거의 벗었고 치마만 두른 모습으로 탱화 속 금강역사 모습과 다르지 않다. 1차 검문소 지킴이로 손색이 없다.

금강역사 옆에 어린아이가 푸른 사자를 타고 정면을 향해 있다. 쌍상투를 틀고 오른손은 올리고 왼손은 내리고 사자 등 위에 앉아 두 다리를 가지런히 내린 이 귀여운 동자는 누구인가. 문수보살이 어린아이로 변한 문수동자다. 그렇다면 왜 금강문에 문수동자가 등장했을까. 그것은 아마도 순례객을 맞이하기 위해서일 것이다. 삿된 기운을 가진 이들은 금강역사에게 제지당하지만 신심이 깊은 이들은 문수동자에

화엄사 금강문 내부. 가운데 통로를 기준으로 왼쪽에 금강역사와 보현동자, 오른쪽에 금강역사와 문수동자가 있다.

게 환대를 받는다. 이것은 일종의 대비법이다. 굳세고 험한 금강역사상과 부드럽고 앳된 문수동자상의 조합이야말로 절묘한 음양의 대비다. 사자가 푸른색인 이유는 오방색에서 동쪽이 청색이기 때문이다.

이제 왼쪽을 보면 이번엔 금강역사가 오른팔을 앞으로 내어 손바닥을 펴고 무언가를 막는 자세다. 삿된 악귀들이 들어오는 것을 막는 것이다. 앞선 금강역사가 공격 자세라면 이번엔 수비 자세다. 어떠한 공격도 흔들림 없이 막아 내리라는 금강역사의 굳센 의지는 눈빛과 자세만으로도 충분히 드러난다. 왼손에는 금강저를 들어 맞은편 금강역사와 짝을 맞추었다. 앞서 사자를 탄 것이 문수동자였듯이 이번에는 보현보

살의 화신인 보현동자가 흰 코끼리를 타고 정면을 향했다. 그리하여 문
수동자와 보현동자가 서로 마주 보고 있는 모습이다. 사자는 얼굴을
옆으로 돌려 순례객이 얼굴을 볼 수 있게 한 반면 코끼리는 얼굴을 돌
리지 않았다. 그리고 사자와 코끼리가 향한 방향이 반대다. 두 동물 모
두 같은 방향이면 단조로울 듯하여 반대로 했을 것이다.

　순례객들은 절 두 번째 문에서부터 불교미술을 풍부하게 만났다. 그
런데 모든 절에 금강문이 있는 것은 아니다. 화엄사와 가까운 하동 삼
신산(지리산) 쌍계사에도 화엄사와 같은 구성을 한 금강문이 있는 것
을 볼 때 불교미술은 이웃한 절의 영향을 크게 받는다는 사실을 알

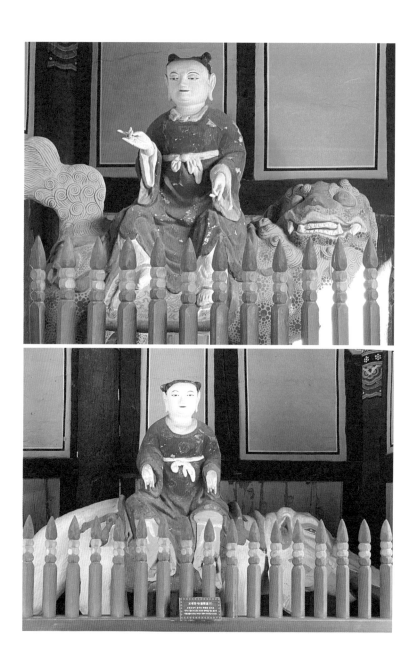

화엄사 금강문에 있는 문수동자와 보현동자. 문수동자는 푸른 사자를, 보현동자는 흰 코끼리
를 타고 있다.

쌍계사 금강문에 있는 보현동자상.

수 있다. 이제 금강문을 벗어나 세 번째 문인 천왕문으로 올라가 보자.

천왕문, 4명의 천왕이 지키는 문

절에서 만나는 두 번째 조각상이 동남서북 네 하늘을 지키는 4명의 천왕상이다. 사천왕四天王들은 순례객을 압도하는 어마어마한 크기인데 큰 것은 5m에 달하고 작은 것도 3m를 넘는다. 키만 큰 것이 아니라 몸집도 상당하여 천왕문天王門 안을 꽉 채운다. 더군다나 사천왕상은 대개 의자에 앉아 있기 때문에 일어섰을 때를 상상하면 엄청난 크기다. 순례객들은 순간 움찔할 수밖에 없다. 바로 이 움찔하게 만드는 힘이 사천왕상의 덕성이다. 사천왕은 절을 지키는 수호천왕으로 절의 2차 검문소를 방어한다. 이 문으로 어떤 삿된 기운도 통과할 수 없다는 강한 의지를 사천왕들은 덩치로 말한다.

사천왕의 의지는 얼굴에서도 고스란히 드러난다. 왕방울만 한 눈동자, 주먹이 들어갈 만큼 큰 콧구멍, 귀에 닿을 듯한 커다란 입, 이를 한마디로 우락부락하다고 하는데 언뜻 보기엔 사나운 듯하지만 전혀 그렇지 않다. 험상궂음 속에 자비로움과 익살스러움도 함께 담겨 있다. 이 점이 사천왕상의 원조인 중국 사천왕상과 조선 것의 차이다. 험상궂음이 과해지면 분노를 띠게 되는데 불교에서는 탐욕, 분노, 어리석음

화엄사 천왕문. 4명의 천왕이 지키고 있어 절의 2차 검문소 역할을 한다.

인 삼독三毒을 꺼리므로 사천왕상이 분노를 뿜는 것은 올바르지 않다. 따라서 마음이 선한 사람들은 사천왕상에서 위풍당당함을 보게 되고 기가 약한 사람들은 기운을 얻게 된다. 순례객들은 절 입구에서 부처님의 세계를 지키려는 호탕한 기운을 느낀 후 이에 스스로 마음을 가다듬으며 천왕문을 통과하여 절 안으로 들어간다.

우리나라 절 입구에 천왕문은 거의 빠짐없이 있기 때문에 남아 있는 사천왕상 또한 많다. 전국의 절들이 대부분 임진왜란의 불길을 피하지 못하여 지금 남아 있는 사천왕상들 또한 임진왜란 이후에 만들어진 것이다. 사천왕상은 다른 불교미술과 마찬가지로 시대와 지역 특색을 가지고 있다.

화엄사 천왕문 내부. 가운데 통로를 기준으로 왼쪽에 서방 광목천왕(용과 여의주)과 북방 다문천왕(삼지창), 오른쪽으로 남방 증장천왕(검)과 동방 지국천왕(비파)이 있다.

사천왕의 위치는 확고하다. 천왕문을 들어서면 오른쪽 안쪽이 동방 지국천왕, 바깥쪽이 남방 증장천왕이고 왼쪽 바깥쪽이 서방 광목천왕, 안쪽이 북방 다문천왕이다. 즉 동방 지국천왕부터 시계 방향으로 도는 배치다. 부처님이 계신 안쪽에서 보면 동방 지국천왕의 자리가 제일 높은 곳이다. 그래서 해가 떠오르는 동방을 사방 가운데 처음으로 삼았다.

조선 후기 사천왕상은 손에 든 물건으로 구분된다. 하지만 몇몇 절의 사천왕상들은 손에 든 물건이 같고 자리를 바꿔 선 경우마저 있어 사천왕상을 구분하는 데 혼란을 주기도 한다. 석굴암 사천왕상을 보

면 북방 다문천왕만 손에 탑을 들고 나머지 세 왕은 칼을 들었는데 이는 초기 경전에 나오는 내용대로다. 그러다가 중국 원나라 때 티베트에서 라마교를 받아들이면서 사천왕이 손에 든 물건이 다양해진다. 각기 물건을 달리하여 각 천왕을 구분하려는 목적이 작용했을 것이다.

화엄사 사천왕상은 1632년(인조 10) 벽암대사碧巖大師(1575~1660)가 감독하여 5m의 높이로 흙을 빚어 만든 작품이다. 만든 때와 사람이 기록으로 남아 있는 화엄사 사천왕상은 임진왜란 이후 각 절들을 보수하거나 다시 지으면서 만든 사천왕상 가운데 양식과 완성도에서 모범이 되는 작품이다.

동방 지국천왕持國天王은 말 그대로 나라를 떠받치는 천왕이다. 그래서 사천왕은 나라를 보호한다는 호국신앙과 연결된다. 천왕은 갑옷을 잘 차려입고 머리엔 꽃으로 장식한 관을 쓰고 의자에 앉아 앞을 향했다. 이는 다른 세 천왕도 마찬가지다. 지국천은 왼손으로 당비파를 잡고 오른 손가락으로 비파 줄을 튕기고 있다.

절은 물론 나라를 지키는 천왕이 갑옷을 입은 채로 비파를 튕긴다니 뭔가 어색하다. 이는 지국천이 거느리는 두 신중 가운데 하나가 음악 신인 건달바라는 것을 말해 준다. 즉 지국천이 자기가 거느리는 건달바의 악기인 비파를 빌려 연주하는 것인데 그렇다고 해도 왕과 비파는 아무래도 어울리지 않는다. 아마도 부드러움이 강한 것을 이긴다는 은유법이 아닐까. 음악이라는 감정 순화의 도구로 악한 마음을 가진 이를 착한 마음으로 되돌린다는 고차원의 방식이다.

지국천왕상의 묘미는 엄청 두툼한 손가락과 가는 비파 줄 사이에 생기는 긴장감이다. 과연 저 손가락으로 줄을 제대로 짚을 수 있을까 하는 살 떨리는 마음이랄까? 아무튼 음악은 예나 지금이나 나라를 평안케 하기도 하고 어지럽게 하기도 한다. 비파 줄은 철사로 만들어 잘만 튕기면 실제로 소리가 날 것 같다.

남쪽 방위를 수호하는 천왕은 만물이 소생하는 덕을 증가시킨다는 증장천왕增長天王이다. 나라의 번영을 뜻한다고 보면 되겠다. 증장천왕은 오른팔로 장검을 들어 아래로 겨누고 왼팔은 밑으로 내린 자세를 한다. 장검은 가장 오래된 사천왕 물건으로 주로 푸른색으로 칠하는데 서슬 퍼런 칼날을 상징하는 듯하다. 저 칼날 아래 삿된 기운들은 모두 흔적 없이 흩어질 것이다. 옆의 동방 지국천 악기와 남방 증장천 무기가 묘하게 조화를 이룬다.

지국천과 증장천은 생김새가 비슷해 보이지만 조금씩 다르다. 이는 다른 두 천왕도 마찬가지다. 하나의 질서 속에 작은 변화들이 곳곳에 있다. 지국천 눈알은 평면이지만 증장천 눈알은 튀어나왔고 지국천은 치아를 드러낸 반면 증장천은 입을 다물었다. 이 모두는 음양 대비법이다. 한편 사천왕들 각각의 개성은 눈썹과 콧수염, 턱수염의 다양한 모습과 색깔에서도 드러난다. 화관과 갑옷의 다양한 문양과 색채는 탱화에 나오는 사천왕상의 그것보다 화려하다. 이러한 표현은 조각이 그림보다 크기가 크고 입체이기 때문에 가능했다.

맞은편으로 고개를 돌리면 왼쪽에 서방 광목천왕廣目天王이 있다. 광목천은 넓은 눈이라는 말뜻 그대로 큰 눈으로 온갖 나쁜 것들을 물리치는 천왕이다. 오른손은 아래로 내려 용의 모가지를 꽉 움켜쥐었고 왼손은 위로 올려 엄지와 중지로 여의주를 사뿐히 잡았다. 이때 용은 빼앗긴 자신의 여의주를 애타는 눈빛으로 쳐다보고 있다. 용은 자신의 생명과도 같은 여의주를 빼앗기고 무기력하게 광목천왕에게 굴복한 상황이다. 바다 신이라는 용마저 가볍게 제압하는 광목천왕의 위세에 용보다 못한 잡귀들은 광목천왕을 당해 낼 수 없을 것이라는 경고다.

광목천왕 조각의 묘미는 손아귀에 잡혀 있는 용 조각의 생동감에 있다. 빠져나오려는 용의 몸통은 천왕 팔뚝을 휘감았고 놀란 용의 입은 커다랗게 벌어져 있다. 천왕의 굵은 팔뚝과 용의 가느다란 몸통, 천왕의 두툼한 손가락과 용의 콩알만 한 여의주가 절묘하게 대비된다. 조선 시대 불교조각을 담당한 장인들은 강과 약, 대와 소가 주는 대비의 아름다움을 알았다. 광목천은 눈을 부릅뜨고 입은 굳게 다물어 용을 제압하는 기세를 얼굴에 그대로 나타냈다. 과연 저 용은 광목천왕의 자비심으로 여의주를 되찾을 수 있을까?

마지막 북방 천왕은 부처님 설법을 많이 듣는다 하여 이름이 다문천왕多聞天王이다. 오른손은 깃발이 달린 삼지창을 세워 잡았고 왼손은 몽구스 한 마리를 허리께에 눌러 놓았다. 삼지창은 장군의 필수품이어서 잘 어울리는데 그렇다면 몽구스는 왜 등장했는가. 몽구스는 독사의

북방 다문천왕	
	통
서방 광목천왕	

화엄사 천왕문 배치도와 사천
왕상. 오른쪽 위부터 시계 방향
으로 동방 지국천왕(비파), 남
방 증장천왕(검), 서방광목천
왕(용과 여의주), 북방 다문천
왕(탑 또는 깃발 달린 삼지창)
이다.

동방
지국천왕

로

남방
증장천왕

천적으로 잘 알려져 있는 용맹한 포유류 동물이다. 서방 광목천왕이 용을 제압했듯이 북방 다문천왕은 몽구스를 제압하여 자신의 힘을 과시하려는 것이다.

조선 시대 북방 다문천왕은 다른 천왕들과 달리 왼손 물건이 두 가지로 나뉜다. 여기처럼 몽구스를 잡거나 아니면 왼 손바닥을 위로 하여 탑을 올려놓는다. 탑을 든 경우가 더 많은 것은 원래부터 탑은 북방 다문천의 중요 물건이었기 때문이다. 탑에는 부처님 사리가 들어 있으니 다문천이 탑을 받치고 있는 것은 부처님을 지키겠다는 의지의 표시다.

북방 다문천은 입을 반쯤 벌려 가지런한 치아를 모두 드러내는데 치아 상태가 양호하다. 이렇듯 절을 수호하는 천왕들은 정신과 육체가 모두 흠잡을 데 없이 건강하다. 건강한 심신 없이 어찌 절을 지키며 나

사천왕상 주변에는 많은 조연들이 등장한다. 왼쪽부터 동방 지국천왕의 다리를 받치고 있는 시종(완주 송광사 천왕문), 사천왕의 발밑에 깔린 악귀(장성 백양사 천왕문), 사천왕에게 굴복당한 악귀(경주 불국사 천왕문).

라를 수호하겠는가?

이렇게 사천왕을 모두 살펴보았는데 이것이 끝이 아니다. 사천왕의 다리와 발 아래를 봐야 한다. 사천왕들은 등받이 없는 낮은 의자에 다리를 벌리고 앉아서 두 다리 중 하나는 곧게 내리고 다른 하나는 약간 굽혀 비스듬히 내민다. 그래서 내민 다리와 발은 허공에 뜰 수밖에 없고 이를 사천왕을 시중드는 이가 어깨로 받치게 된다. 시중을 드는 이는 쌍상투를 튼 동자도 있지만 대개는 우락부락한 인물로, 개성이 충만한 익살스러운 인물의 경연장이 펼쳐진다. 이들은 천왕을 보좌하는 착한 이들이다.

반면 곧게 내린 다리와 발밑에는 악귀들 같은 나쁜 이들이 깔려 고통으로 신음하고 있다. 사천왕 조각의 재미는 이 악귀들 얼굴 표정에 있다. 전혀 악할 것 같지 않은 얼굴을 하고 있으니 한마디로 개구쟁이

순천 송광사의 동방 지국천왕은 호탕하면서도 자애로운 얼굴로 유명하다.

의 마음이다. 이것이 어찌 보면 악귀를 생각하는 옛사람들의 마음이
아니겠는가. 천왕들마다 악귀들도 제각각이어서 관복을 입은 관리나
나체 여인도 등장하는 것으로 보아 당시 사람들이 생각하는 악한 이
의 범위가 넓었다는 것을 알 수 있다. 악귀들을 보고 있노라면 자기
몸 몇 배나 되는 천왕 발밑에 깔려 꿈쩍도 못 하고 있는 악귀들 신세
가 가엽기도 하고 우습기도 하다. 이것이 한국인들이 가진 익살의 마
음이 아닐까.

전국 절의 무수한 사천왕상 가운데 으뜸은 화엄사 사천왕상이 만들
어지기 4년 전인 1628년에 순천 송광사에 세워진 사천왕상이다. 특히

나 동방 지국천왕의 호탕하면서도 자애로운 얼굴은 한국 조각 역사에서 단연코 다섯 손가락 안에 들어야 할 것이다. 이렇게 맑고 건강한 기운이 가능했던 것은 임진왜란이라는 국가 재난의 후유증을 잘 극복하고 새로이 절을 단장하는 사람들의 건실한 뜻과 단결된 마음 덕분이었다. 오늘날 절을 찾는 많은 순례객들은 사천왕상이 뿜어내는 맑고 강한 기운에서 큰 위안을 얻는다.

부처님 진신사리 친견

화엄사 마당.

제3장

절
마
당

부석사 범종루에서 내려다본 마당.

루(다락집), 전망 좋은 2층집

3개의 문을 통과한 순례객들은 이전 문들과는 규모가 다른 아주 큰 건물을 마주하게 된다. 1층은 나무기둥만이 있고 실제 사용 공간은 2층인 기다란 건물로, 루樓(다락집)다. 절 다락집은 2가지 형태다. 산에 경사가 있는 경우는 다락집 1층 기둥 높이를 높게 하여 1층으로 순례객들이 통과하여 진입하게 하는 방식이고 산에 경사가 없는 경우는 다락집 1층 기둥 높이를 낮게 하여 다락 좌우로 돌아 진입하게 하는 방식이다. 어느 경우든 절 마당에 닿기 위해서는 계단을 올라야 한다.

이렇게 다락집 계단을 통해 절 마당에 오르는데 다락집 2층과 절 마당은 거의 같은 높이인 경우가 대부분이다. 즉 산의 기울기를 이용하여 절 마당에서 바로 다락집에 들어갈 수 있게 한 것이 절 다락집이다. 2층에는 대개 기둥과 기둥 사이에 나무문을 다는데 문 없이 기둥만 있는 경우도 많다. 절이 아닌 명소에 있는 다락집의 경우는 주변 경치를 감상하는 것이 목적이기 때문에 문을 달지 않는다. 반면 절 다락집은 경치 감상과 아울러 모임을 갖는 공간으로도 쓰이기 때문에 문을 달아 겨울철에도 모임 공간으로 사용한다. 절 다락집은 절에서 가

화엄사 다락집인 보제루(위)와 그 현판. 보제루에는 문이 달려 있어 겨울에도 모임 공간으로 사용할 수 있다.

장 큰 건물인 대웅전보다도 동시 수용인원이 많기 때문에 여러 사람이 함께 모임을 할 수 있다. 아울러 산 아래를 조망하는 가장 적절한 장소이기도 하여 방금 올라온 산길을 한눈에 굽어보는 전망대가 되기도 한다.

화엄사 다락집 이름은 널리 중생을 제도한다는 '보제루普濟樓'다. 보제루에는 기둥 사이에 나무문을 달아 봄, 여름, 가을에는 문을 모두 열어 사방을 볼 수 있게 하고 겨울에는 문을 닫아 추위를 막는다. 화엄사 보제루는 단청을 하지 않고 원목 질감을 그대로 드러내었다. 이는 명소에 있는 다락집과 같은데 이렇듯 절 다락집은 세속 다락집과 용도와 형태를 같이하는 면이 있다.

절 다락집 가운데 손꼽히는 것은 영주 태백산 부석사 다락집이다. 다른 절과 달리 부석사에는 2개의 다락집이 있다. 범종루梵鐘樓와 안양루安養樓다. 범종루는 '범종이 있는 누(樓)'란 말로, 절에서 범종은 다락집 왼쪽 혹은 오른쪽에 종루 혹은 종각鐘閣을 세워 다는 것이 기본이지만 부석사 범종루는 절 중심 길에 놓였다. 다만 부석사 범종루에 범종은 없다. 법고와 목어, 운판만 있고 범종은 옆에 따로 범종각을 세워 달았는데 이는 범종의 무게 때문이다. 그렇다면 부석사 범종루는 범종루라고 부르면 안 되고 다른 이름으로 바꿔 불러야 하지 않을까.

부석사 범종루는 가로로 길게 놓인 여느 다락집과 달리 세로로 길게 놓였다. 이는 두 가지 이유에서다. 첫 번째는 지형이 협소하기 때문에 길 따라 세로로 하는 것이 더 적합했고 두 번째는 중심 다락집인 안양루가 가로로 긴 모습이기 때문에 같이 가로로 하기보다는 세로로 하여 대비시킨 것이다. 부석사 범종루는 정면 3칸, 측면 4칸이고 정면에는 '봉황산부석사鳳凰山浮石寺' 현판을 걸었다. 2층에 건 법고와 목어, 운판에 범종까지 더하면 사물四物이 된다.

사물을 치는 것은 아침 예불과 저녁 예불 때다. 순서는 법고, 목어,

부석사 범종루.

부석사 범종루 1층 기둥과 계단.

부석사 범종루 2층에 달린 법고(북), 목어(나무 물고기), 운판(구름 모양 판).

부석사 범종. 범종의 무게 때문에 범종각을 따로 세워 범종을 달았다.

운판, 범종 순서다. 법의 소리가 나는 북이란 뜻인 법고法鼓는 땅에 사는 중생들이 그 소리를 듣고 해탈하길 바라는 마음으로 친다. 목어木魚는 나무로 만든 물고기로, 배 속이 비어 있어 여기에 나무막대기 2개를 넣고 앞뒤로 움직이며 배 안쪽을 친다. 물속에 사는 중생이 해탈하길 기원한다. 운판雲版은 청동으로 만든 구름 모양 판으로, 나무망치로 가운데를 두드린다. 하늘에 사는 중생이 해탈하기를 기원한다. 마지막으로 범종梵鐘이다. 범종은 땅 위, 물속, 하늘 위 모든 중생들이 해탈하길 바라는 의미에서 아침에는 28번, 저녁에는 33번 친다. 28은 불교에서 말하는 삼계인 욕계, 색계, 무색계가 28천으로 이루어진 것을 상징하고 33은 수미산 정상에 있는 33천을 상징한다. 가죽, 나무, 청동이란 3가지 재질로 된 물건을 나무로 때리면서 나는 소리는 산사를 깨우고 잠들게 하는 법法의 소리다. 사물은 모두 스님들이 친다. 수행자가 때리는 법음法音은 태백산 줄기 따라 백두대간을 타고 멀리멀리 퍼져 나간다.

범종루 1층을 통과하여 계단을 올라서면 저 멀리 안양루가 날 듯한 모습으로 잡힌다. 이렇게 해서 부석사 두 번째 다락인 안양루에 오른다. 안양루는 범종루에 비해 규모는 작다. 정면 3칸, 측면 2칸으로, 1층은 무량수전으로 오르는 길의 역할을 한다. 정면에는 2개의 현판이 있는데 '부석사浮石寺'와 '안양문安養門'이다. 즉 안양루는 문의 역할도 하여 이를 누문樓門이라 부른다. '안양루安養樓' 현판은 뒤쪽에 달려 있어 마당에 올라서면 보인다. 즉 올라가면서는 안양문이고 올라서면 안양루다. 안양은 극락의 다른 이름이니까 안양문은 극락으로 가는 문이고 안양루는 극락에 있는 다락집이다.

안양루에 오르면 눈 아래로 백두대간이 유유히 흘러내리고 발 디딘 이곳이 정말 극락 세계라는 느낌을 받는다. 한국 모든 절 다락집 가운데 가장 조망이 뛰어난 곳이 부석사 안양루일 것이다. 총 10개의 나무

부석사 안양루의 1층 기둥과 계단. 이 계단을 오르면 극락 세계가 펼쳐진다.

기둥이 액자 역할을 하여 경치를 기둥 틀 안에 담는다. 안양루 최고 경치는 해 질 무렵이다. 저녁 예불 때 울리는 법고 소리와 함께 붉게 물든 산맥이 연출하는 장관은 속세의 찌든 때를 말끔히 씻어 낸다.

부석사 안양루 1층에는 '안양문' 현판이 있고 맞은편 2층에는 '안양루' 현판이 있다. 순례객은 극락으로 가는 문인 안양문을 통과해 극락에 있는 다락집인 안양루에 도착하는 셈이다. 건물 하나를 두고 방향에 따라 다른 공간을 연출했다.

부석사 안양루 2층에서 내려다본 백두대간 풍경.

석등, 부처님의 법을 밝히는 돌등

안양루에서 내려서면 마당 한가운데 석등石燈이 하나 서 있다. 저 석등은 옛날에는 등불을 피웠다고 한다. 하지만 지금은 더 이상 불을 밝히지 않는다. 그럼에도 석등의 상징은 여전히 강한 빛을 발한다. 석등의 보이지 않는 빛은 부처님 말씀으로, 오랜 세월 이 자리에서 중생을 제도했다.

부석사 석등은 이 절에서 가장 오래된 물건이다. 네모난 기단 위에 팔각연꽃받침을 놓고 그 위에 팔각기둥을 올린 다음 다시 팔각연꽃받침을 얹고 그 위에 팔각화사석火舍石을 올린 다음 팔각지붕으로 덮고 지붕 가운데에 보주를 올렸다. 팔각화사석 4개 면에 화창火窓을 뚫었고 4개 면에 4구의 보살상을 조각했다. 보살들은 모두 앳된 얼굴에 약간씩 허리를 틀었고 두 손을 내리거나 올리거나 꽃을 잡거나 했다. 총높이는 3m이고 전체 비례와 균형이 잘 맞아 늘씬하면서 우아하다. 단순한 형태 속에 천년 세월을 버텨 온 흔적이 느껴진다. 불빛이 나오는 화창을 통해 '무량수전' 현판 글씨가 딱 잡힌다. 무량수전 현판을 만든 스님들은 건물 현판이 화창에 딱 걸리도록 계산했음이 틀림없다.

부석사 무량수전 앞마당에 있는 석등과 석등에 조각된 보살상(오른쪽). 불빛이 나오는 화창을 통해 '무량수전' 현판 글씨가 보인다.

　부석사 석등이 가장 오래된 석등 가운데 하나라면 가장 큰 석등을 찾아 다시 화엄사로 가 보자. 화엄사에는 대웅전보다 더 큰 건물이 대웅전 우측에 있다. 영조 모친인 숙빈 최씨(1670~1718)가 시주하여 1702년에 중건한 우리나라 최대 목조건물인 각황전覺皇殿이 그것이다. 정면 7칸, 측면 5칸에 2층 건물인 각황전의 위용에 짝할 다른 건물이 한국에는 없다. 이 각황전 앞에 우리나라 최대 석등이 건물의 웅장함과 호응하고 있다. 석등은 후백제 때 견훤이 세운 것이어서 조선 때 중수된 각황전보다 오래되었다. 중수하기 전 각황전(원래는 장륙전)의 규모도 지금만큼 크지 않았을까. 건물 크기에 어울리게 석등을 세우는 법이니까 견훤이 원래 건물 크기에 맞게 석등을 세웠을 것이다.

　각황전 앞 석등은 640cm로 한국 석등 가운데 가장 클 뿐만 아니라 전체 비례와 조형 감각도 가장 우수하다. 이전 석등과 다른 것은 아래와 위 연꽃받침 사이에 놓았던 팔각기둥이 장고형기둥으로 바뀐 점이다. 이렇게 하니 팔각기둥에 비해서 높이는 짧아졌고 폭은 넓어져서 더 안정감 있게 되었다. 그래서 화사석과 지붕돌 크기를 크게 하여도 그 무게를 충분히 버틸 수 있어 이런 장대한 석등이 가능했다. 상체가 당당하고 하체도 안정감 있어 전체에 늠름한 기운이 흐른다. 이를 통해 후백제인들의 통일 의지가 석등에 담겼다는 사실을 알게 된다. 아마도 견훤은 화엄사 석등이 후삼국을 통일하는 찬란한 빛을 발하기를

화엄사 각황전 앞의 석등. 우리나라에서 가장 큰 목조건물인 각황전의 위용에 걸맞게 그 앞에 세워진 석등 역시 우리나라에서 가장 큰 석등이다. 6m가 훌쩍 넘는다.

염원했을 것이다. 화엄사 석등은 불상으로 말하면 석굴암 석가모니불상과 같은 위치에 있다.

그런데 화엄사에는 각황전 앞 석등과는 정반대로 가냘프고 자그마한 석등도 있다. 이를 보기 위해서는 각황전 뒤로 108계단을 올라야 한다. 다 오르면 너른 터가 나오고 여기에 석등 하나와 석탑 하나가 나란히 서 있다. 이 석등과 석탑이 화엄사 창건 때인 8세기 후반에 만들어진 작품이다. 화엄사에서 가장 오래된 자리다. 석등의 역할은 부처님 무덤인 석탑을 밝히는 것이다. 다른 석등과 비교할 때 가장 큰 차이는 기둥이 하나가 아니라 3개인 점이다. 이는 기둥 사이에 무릎을 꿇고 공양을 드리는 인물상을 놓기 위한 방편이었다. 한국 석등으로는 비슷한

화엄사 공양석등(왼쪽)과 그 석등 안에 놓인 스님상. 스님은 맞은편 석탑을 향해 차 공양을 드리고 있다.

예가 없는 독특한 작품이다.

석등 속 공양자를 자세히 보면 삭발을 하고 가사를 입은 스님이다. 오른쪽 다리는 무릎을 꿇고 왼쪽 다리는 세워서 찻잔을 든 왼손을 왼쪽 무릎 위에 놓아 탑을 향해 차 공양을 드리고 있다. 석등과 공양자를 하나로 엮었는데 마치 공양자가 석등을 머리에 이고 있는 듯하다. 이는 화엄사를 영원토록 밝히겠다는 공양자의 의지를 말하려는 의도가 아닐까. 이렇듯 화엄사에는 우리나라 최대 석등과 가장 독창성 있는 석등이 함께 있다. 공양자의 시선이 향한 곳에는 3층석탑이 있어 공양자는 탑에 경배를 드리는 중이다. 이렇게 하여 순례객의 시선은 맞은편 석탑을 향한다.

석탑, 부처님의 사리를 모신 돌무덤

석탑石塔과 석등은 모두 돌이어서 절에서 마지막까지 살아남는 물건이다. 화엄사 석탑과 석등이 이를 보여 주는 좋은 예다. 석등이 이룩한 독창성은 석탑이 이어받았다. 탑은 스투파stupa의 음역인 솔탑파의 줄임말로 부처님 사리를 모신 무덤이다. 탑 층수가 홀수이고 바닥에 닿는 면이 짝수인 것은 홀수는 양의 수이고 하늘의 수이며 짝수는 음의 수이고 땅의 수이기 때문이다. 그래서 화엄사 4사자3층석탑의 층수는 3층이고 바닥에 닿는 면은 4각이다. 지붕이 3개이니 몸체도 3개인데 이를 받치는 것은 4마리 사자다. 4마리 사자가 몸돌 모퉁이에서 각각 돌기둥 역할을 하며 탑을 떠받쳤다.

원래 인도에서 사자는 불상 불표현 시대(기원전후로 불상이 처음 등장하기 이전 시대)에 부처님을 상징했다. 이후 불상이 출현하고부터는 부처님 좌대로 들어가 부처님을 떠받드는 것과 부처님을 지키는 것 이렇게 2가지 역할을 하여 이를 사자좌獅子座라 부르게 된다. 그렇다면 부처님 무덤인 탑을 사자가 떠받치는 것도 불상의 사자좌에서 유래한 것으로 4마리 사자는 부처님 무덤을 지키는 역할을 한다. 화엄사 4사자3층석탑은 이후 한국 4사자3층석탑의 원형이 되었고 기운생동하는 사자 조각 또한 이후 많은 사자 조각의 모범이 되었다.

그런데 사자로 탑을 받친 이유가 하나 더 있다. 4마리 사자 가운데 부처님 한 분이 서 계신다. 저 빈 공간에 부처님을 모신 것이다. 공간이 생겨서 부처님을 모신 것일 수도 있고 부처님을 모시기 위해 4마리 사자로 기둥을 세워 공간을 만든 것일 수도 있다. 가사를 입은 부처님은 두 손을 가슴으로 모았는데 오른손에 연꽃송이를 들었다. 아마도 우리나라에서 연꽃송이를 든 가장 이른 불상이 아닐까. 그런데 부처님이 왜 연꽃송이를 들었을까? 이는 영취산에서 석가모니불이 연꽃을 들자 가섭존자가 미소를 지었던 사건을 표현한 것일지 모른다. 그렇다면 석등의 공양자는 아마도 가섭존자가 아닐까! 그런데 화엄사 창건은 화엄종 절의 하나로 이루어진 것이고 아직 선종불교가 들어오기 이전임을 생각한다면 공양자는 가섭존자가 아니라 부처님 설법을 가장 많이 청한 사리불존자일 수도 있다. 석가모니불과 사리불존자가 각각 탑과 등 안에서 대화를 나누는 구도가 화엄사 가장 오래된 곳에서 현재 진행형으로 펼쳐지고 있다.

시간을 거슬러 올라 한국 석탑의 백미를 만나러 경주 토함산 불국사 대웅전 앞마당으로 가 보자. 불국사는 경덕왕이 아버지 성덕왕을 추모하기 위해 세운 절이다. 이와 함께 석굴암과 성덕대왕신종도 조성했다. 오늘날 불국사에 남아 있는 창건 당시 물건은 돌로 만든 석가탑과 다보탑과 이 사이에 있는 석등뿐이다. 성덕대왕신종이 통일신라 최고 종이고 석굴암 조각이 통일신라 최고 조각이듯이 석가탑과 다보탑은 통일신라 최고 탑이다. 그런데 이들 셋은 통일신라 최고일 뿐만 아니라 한국 불교미술사에서 최고다.

불국사 대웅전 마당 동쪽에는 다보탑多寶塔, 서쪽에는 석가탑釋迦塔이 있다. 탑은 석가모니불의 사리를 봉안했기 때문에 불교에서 탑은 모

화엄사 4사자3층석탑과 그 안에 세워진 부처님(오른쪽). 4마리 사자가 사방에서 부처님을 호위하고 있다. 맞은편에 있는 석등(위 사진에서 소나무 앞에 있는 석조물) 속 공양자가 차 공양을 드리는 대상은 탑 안의 부처님이다.

두 석가모니불탑일 텐데 왜 불국사 석가탑만 석가탑이라고 부르는 걸까. 그 해답은 다보탑에 있다.

그렇다면 다보탑은 무엇인가. 이는 다보불의 탑이다. 다보불은 누구인가. 다보불은 『법화경』에 나온다. 석가모니불이 『법화경』을 설할 때 석가모니불 설법이 옳고 바르다는 것을 증명하기 위해 땅에서 탑이 솟아나고 그 가운데 다보불이 가부좌를 틀고 앉아 계신다는 내용이 있다. 그리고 다보불은 옆자리에 석가모니불을 청하여 두 부처가 나란히 앉는다는 내용이 이어진다. 그러니까 대웅전 마당의 다보탑은 석가모니불의 설법을 증명하기 위해 땅에서 솟은 탑이자 다보불의 상징이기도 하다. 그렇다면 다보탑은 다보불의 상징이 되고 석가탑은 석가모니불의 상징이 되어 『법화경』 내용을 탑 2개로 이야기한 셈이다. 금당 앞에 탑 2개를 세울 때 감은사탑처럼 좌우 동일하게 3층석탑을 세우던 전통에서 벗어났다. 그러니까 이전에는 석가탑이 2개였으나 불국사에서는 석가탑을 하나로 줄이고 다보탑을 더했다.

석가탑은 이전 신라의 3층석탑이 발전하여 이룩한 가장 아름다운 비례를 보여 준다. 크기 또한 현존하는 3층석탑 가운데 가장 큰 예에 들어간다. 이렇게 큰 탑을 가장 아름다운 비례로 만들었던 것은 문화 절정기였기 때문에 가능했다. 선과 면이 빚어내는 단순미가 석가탑의 핵심이라면 돌을 목조건축처럼 쌓아 올려 만든 화려미가 다보탑의 핵심이다. 수많은 석재가 맞물리면서 빚어낸 결구가 활짝 핀 꽃처럼 화

한국 최고 탑인 불국사 다보탑(왼쪽)과 석가탑. 다보탑은 석가모니불의 설법이 옳다는 것을 증명하기 위해 땅에서 솟아난 다보불의 탑이고, 석가탑은 다보불이 석가모니불에게 자기 옆자리에 앉기를 청해 생겨난 석가모니불의 탑이다.

려하다. 다보탑은 마치 온몸을 빛나는 구슬 꾸러미로 장식한 보살상을 보는 듯하니 그렇다면 석가탑은 가사 자락 하나 두른 불상을 보는 듯하다고 이야기해도 될 것이다.

불국사 다보탑 이후로 다시는 이와 같은 탑은 만나기 어렵게 되었다. 불국사 다보탑은 문화 절정기가 낳은, 이전에도 없었고 이후에도 없는 불교미술품이다. 불국사 석가탑은 이후 모든 3층석탑의 모범이 되었다.

물론 뒤에 등장한 3층석탑들은 크기도 줄어들고 비례도 석가탑만 한 우아한 비례를 보이지 못하지만 앞서 본 화엄사 4사자3층석탑 같은 변형 작품도 낳게 된다.

이제 드디어 다보탑과 석가탑을 굽어보는 절의 중심 건물인 대웅전으로 들어갈 차례다.

부석사 무량수전.

제4장 부처가 사는 집

선암사 대웅전 천장의 용 머리 장식.

대웅전, 큰 영웅 석가모니불이 사는 집

한국 절의 중심 전각은 대부분 대웅전大雄殿이다. 대웅이란 석가모니불의 다른 이름이다. 석가모니불은 이미 열반에 드셨지만 대웅전에서 여전히 중생들을 제도하신다. 그래서 대웅전은 석가모니불이 가장 많은 설법을 하신 영취산靈鷲山 모임을 재현해 놓은 집이다. 이는 극락전은 아미타불의 극락정토를 재현하고 약사전은 약사불의 유리광정토를 재현한 것과 같다.

한국 절의 무수한 대웅전 가운데 건축미에서 으뜸은 현존하는 가장 오래된 목조건축 가운데 하나인 예산 덕숭산 수덕사 대웅전이다. 1308년 창건이니 나이가 700년이 넘었다. 맞배지붕 건물로 간결미와 장엄미를 동시에 내뿜는 수덕사 대웅전은 목조건축이 갖는 최상의 멋을 가지고 있다. 전국 절의 모든 대웅전 건축의 기준으로 삼을 만큼 아름다운 집이다.

석굴암: 경주 토함산에 재현한 인도 영취산

대웅전 석가모니불의 손짓은 석가모니불이 마왕에게 항복받고 깨달음

한국의 모든 대웅전 가운데 건축미에서 으뜸인 수덕사 대웅전.

을 얻을 때 모습인 항마촉지인降魔觸地印이다. 한국 불교에서 석가모니불 고유 손짓인 항마촉지인은 토함산 석굴암 부처님에서 시작한다. 석굴암 불상의 옷차림과 손짓은 인도에서 중국으로 새로 들어온 양식이었다. 이를 신라인들이 바로 받아들여 석굴암 석가모니불상의 옷차림과 손짓으로 삼았다. 석굴암 불상은 상 높이가 345cm로 한국에서 만든 불상 가운데 가장 크다. 전신에서 당당하게 뿜어져 나오는 제왕의 기품은 큰 영웅이라고 불리기에 충분하다. 통일신라 사람들이 만든 당대 최고 미남상인 석굴암 부처님은 이후 한국 불교에서 석가모니불상의 모범으로 자리 잡는다.

　석굴암 구성은 석가모니불이 마가다국 기사굴산, 즉 영취산에서 펼친 설법 장면으로, 영취산에서 설한 으뜸 경전인 『법화경』 내용을 바탕으로 한다. 『법화경』 첫머리에 영취산에 모인 성중聖衆 가운데 처음

　　　　석굴암 입구(오른쪽 위)와 주실 중심에 있는 석가모니불(오른쪽 아래).

10제자
아눈

9제자
라후라

8제자
우바리

7제자
아나율

6제자
가전연

석굴암 배치도(가운데)와 10대 제자상.

1면관음상

제자
루나
4제자
수보리
3제자
대가섭
2제자
대목건련
1제자
사리불
석가모니불

으로 언급되는 이가 석가모니 제자들인 1,250명의 아라한이다. 석가모니불 모임에 으뜸은 석가모니불의 설법을 듣고 깨달은 제자들이다. 이들 아라한 가운데 20명 이름이 대표로 열거되니 이를 20대 제자라고 할 수 있다. 이들을 10대 제자로 줄인 것이 『유마경』으로, 『법화경』속 20명에서 8명을 취하고 아나율과 우바리를 집어넣어 10명으로 만들었다. 그래서 석굴암 구성에서 10대 제자는 『유마경』이 바탕이다. 10대 제자 순서는 출가한 순서이고 이것은 대개 나이순이다. 그래서 석가모니불 오른쪽 앞에서부터 1~5대 제자까지 서고 왼쪽으로 6~10대 제자가 선다.

1대 제자는 지혜 제일 사리불이다. 가사를 몸에 걸쳤는데 굽은 어깨에 야윈 얼굴로 보아 석가모니불보다 나이가 많았던 것이 드러난다. 풍만한 몸매를 가진 보살과 천과는 달리 마른 몸매로, 수행자 모습 그대로다. 사리불은 왼손에 향로를 들고 오른손에 향 가루를 쥐어 향로에 넣으려는 모습을 하고 있다. 인도는 덥고 습하기 때문에 향을 피워 벌레를 물리쳤다고 한다. 두광은 장식 없이 원형이고 발 밑 자리는 타원형이다.

2대 제자는 사리불처럼 석가모니불보다 나이가 많았고 석가모니불보다 먼저 열반에 들었던 대목건련이다. 대목건련은 신족神足, 즉 신통력 제일이었다. 그래서 두 손을 모아 얼굴까지 들어올리고 눈을 감고 고개를 숙여 뭔가 신통을 부리는 듯한 모습으로 꾸몄다. 신발은 발가락이 모두 드러나게 끈으로 묶는 샌들 같은 것을 신었다. 이런 신발은 10명 제자 가운데 2명이 신었다.

세 번째가 두타頭陀 제일 대가섭이다. 두타는 다른 말로 탁발이니, 탁발은 거리에서 밥을 얻는 것을 말한다. 그래서 그런지 오른손에는 시주받은 음식을 담는 그릇을 상징하는 물병을 쥐었다. 두타 제일이라는 대가섭의 특징을 물병 하나로 표현했으니 신라 스님들과 장인들의 솜씨가 충분히 증명된다. 왼손은 들어올려 엄지와 검지는 굽히고 나머지는 펴서 무언가 손짓을 만들었다. 앞의 두 제자와 다르게 몸을 조금 정면으로 틀어 두 발을 팔자로 벌렸고 오른쪽 어깨를 드러내 가사를 입었다. 10명 가운데 유일하게 오른쪽 어깨를 드러낸 모습이어서 두타 제일임을 알리는 하나의 표현 방식일 수도 있겠다. 사리불과 대목건련이 열반한 이후 승가僧伽를 이끌어 가는 우두머리 제자로서의 당당함이 있다.

네 번째가 해공解空 제일 수보리다. 공空 사상은 대승불교의 핵심으로 수보리가 공을 이해하는 것이 제일이었다는 말은 그만큼 공을 이해하는 것이 쉽지 않았다는 뜻이다. 수보리는 대가섭처럼 정면으로 몸을 틀었고 두 손을 맞잡아 얼굴까지 들어올린 다음 막대기 같은 것을 잡았다. 해공 제일을 물건이나 손짓으로 표현하는 것이 쉽지 않았을 텐데 이 막대기가 무엇을 뜻하는지 알기 어렵다.

오른쪽 마지막 5대 제자는 설법 제일인 부루나다. 오른손으로 가사 한쪽을 펼치고 왼손은 가슴으로 들어올려 정면을 향한 자세가 중생들에게 뭔가 설법하는 듯한 모습이다. 설법도 잘하고 인물도 좋아서 불교 전파의 일등공신이었다고 한다.

오른쪽 다섯 제자들은 서서히 몸을 틀어 마지막 5대 제자가 정면을 향하는 구성으로 마무리되었다. 부루나로 갈수록 나이가 젊어진 점이 석굴암 제자 구성에서 중요한 특징이다.

이제 맞은편 6대 제자 가전연으로 옮겨 간다. 그런데 다시 나이 든 구부정한 모습으로 돌아갔고 1대 제자 사리불처럼 손에 향로를 들었다. 그렇다면 석굴암 설계자들은 10대 제자 양쪽 맨 앞은 좌우 대칭으로 맞춘 것이다. 가전연은 논의論義, 뜻 해석하는 것에 제일이었다고 한다. 그러니까 부처님 말씀의 최고 해설자였다.

7대 제자는 천안天眼 제일 아나율이다. 천안이란 '하늘 눈'이란 뜻으로 과거, 현재, 미래를 볼 수 있는 눈을 말한다. 아나율은 석가모니불의 사촌동생이었고 용맹정진 수행하다가 그만 눈이 멀었는데 그때 과거, 현재, 미래를 보는 눈이 열렸다고 한다. 그래서 두 손을 모으고 고개를 숙이고 눈을 지그시 감은 미남자의 모습으로 만들었다. 맞은편의 대목 건련과 자세가 비슷해졌는데 다만 대목건련보다는 훨씬 젊게 한 것은 아나율은 석가모니불의 사촌동생이기 때문이다. 그리하여 아나율부터 다시 젊은이의 모습으로 바뀌었다.

8대 제자는 지계持戒 제일 우바리다. 우바리는 출가 전 석가족의 이 발사였다. 석가모니불이 고향을 찾은 후 많은 석가족 왕자들이 출가할 때 같이 출가했던 인물이다. 우바리는 모든 제자들 가운데 계율을 제 일 잘 지켰기 때문에 석가모니불이 열반한 뒤 율장律藏(계율을 모아 놓 은 경전들)을 편찬하는 책임을 맡았다. 우바리는 얼굴을 돌려 뒤를 바 라보고 있다. 석굴암 10대 제자 조각 가운데 가장 극적인 장면으로, 지 금까지 바깥쪽을 향했던 모습에서 반대로 놓은 것이다. 석굴암 조각이 위대한 점은 질서 속에 이런 변화를 구현한 점이다. 뒤를 돌아본 모습 이 마치 9대 제자 라후라와 대화를 하는 듯하다. 맞은편의 대가섭과 같이 오른손 엄지와 검지가 맞붙은 모습을 했고 얼굴에는 번뇌가 소 멸한 아라한이 가질 수 있는 당당함이 뚜렷하다.

이렇게 해서 9대 제자 밀행密行 제일 라후라까지 왔다. 밀행이란 '남 모르게 하는 수행'이란 뜻이니 라후라가 석가모니불의 아들인 것을 알 면 왜 밀행 제일인지 이해할 수 있을 것이다. 석가모니불이 전륜성왕과 부처가 타고나는 신체 특징인 32상 80종호(부처님의 신체 특징은 크게는 32개, 작게는 80개가 있다)를 가진 최고 미남자였기 때문에 아들인 라후 라 역시 아버지에 못지않은 미남자였음이 석굴암 조각에서 확인된다. 키도 훤칠하고 눈, 코, 입이 모두 또렷한 것이 10대 제자 가운데 최고 미남자다. 표정이 온화하면서 여유 있고 웃음기도 약간 머금었다. 왼손에는 커다란 단지 같은 것을 안고 오른손은 엄지와 검지를 붙이고 나머지 세 손가락은 구부려 단지 안에서 무언가를 끄집어내는 듯하다. 단지 크기가 상당한 것이 라후라가 지닌 도량의 크기를 말해 주는 것 같기도 하다.

마지막 10대 제자는 다문多聞 제일 아난이다. 다문이란 '많이 들었다'는 뜻으로 아난이 석가모니불 일생에서 마지막 25년 동안 모시면서 석가모니불 설법을 듣고 모두 다 외웠다고 한다. 그래서 석가모니불이 열반한 뒤 1차 결집 때 경전이 편찬될 수 있었던 것은 모두 아난의 기억력 덕분이었다. 그러니까 경전 편찬의 일등공신이 아난이다. 아난 역시 아나율과 마찬가지로 석가모니불의 사촌동생이었고 가장 어린 제자였기 때문에 석굴암 조각에서 가장 앳된 아이 모습으로 등장했다. 두 손은 가슴까지 올려 깍지를 껴서 공손히 모은 모습이다.

이렇게 해서 석굴암 10대 제자가 완성되었다. 이들은 이후 석가모니불 좌우에서 가장 가까운 자리를 차지한다. 이로써 석가모니불이 열반한 뒤 불교 교단은 이들 제자들이 이끌어 간다는 점이 드러난다. 더군다나 석가모니불 모임에 가장 많은 숫자로 참석함에 있어서랴.

석가모니불 모임에서 좌우보처左右補處 보살(부처를 좌우에서 모시는 보살)은 문수보살과 보현보살이다. 지혜 문수보살과 실천 보현보살은 석가모니불을 도와 영산정토의 삼존(본존인 석가모니불+본존을 좌우에서 모시는 보살 둘)을 이룬다. 문수보살은 지혜를 상징하는 경권(여러 겹으로 접을 수 있게 만든 경전)을 왼손에 쥐고 가슴으로 들어올렸고 오른손은 아래로 자연스럽게 내렸다. 양발은 팔자로 벌려 연꽃 위에 섰다. 보관을 쓰고 구슬 목걸이를 했으며 천의를 휘감았는데 천의 양쪽 끝단이 다리를 따라 내려와 연꽃에 닿았다. 몸매는 여성화되었고 얼굴은 중성화되어 보살이 중국에서 여성화되었던 상황이 석굴암 보살상에 끼친 영향을 볼 수 있다. 신체 비례는 7등신으로 이상화된 신체미를

석굴암 배치도(가운데)와,
왼쪽 위부터 시계 방향으로 보현보살(찻잔),
문수보살(경권), 범천(불자와 정병),
제석천(불자와 금강저).
현재는 문수보살·범천과
보현보살·제석천의 자리가 바뀌어 있다.
이것에 관해서는
최완수, 『한국 불상의 원류를 찾아서』 3,
pp.63~69 참조.

보현보살

제석천

11면관음상

석가모니불

문수보살

범천

이루었다. 문수보살 맞은편에는 보현보살이 서 있다. 문수보살과 대칭되기 때문에 오른손에 찻잔을 들고 왼팔은 아래로 내려 짝을 맞추었다. 실천 제일 덕목과 찻잔은 연결 고리가 약하지만 보살은 물건을 들어야 한다는 원칙에 맞게 했다. 전체 조형 감각은 문수보살과 같은데 목걸이 형태를 달리하여 차이를 주었다.

문수보살과 보현보살 앞에는 각각 범천과 제석천이 자리했다. 범천梵天은 인도에서 우주를 창조한 신으로, 불교로 들어와 천신들 가운데 대표가 되었다. 제석천帝釋天은 불교 세계의 중심인 수미산 정상에 살면서 32천을 거느린다. 제석천까지 합하면 33천이 되는데 33의 인도 말이 '도리'여서 33천을 도리천이라고도 한다. 그러니까 도리천의 주인이 제석천인 것이다. 범천과 제석천은 모두 오른손에 먼지떨이인 불자拂子를 들었다. 불자는 인도에서 수행할 때 몸에 붙어 피를 빨아 먹는 해충들을 털어 내기 위한 물건으로 불교에서 중요한 상징이 되었다.

불자는 범천과 제석천의 공통 물건이고 차이 나는 것은 범천이 든 정병淨瓶과 제석천이 든 금강저金剛杵다. 정병은 물이 담긴 병이고 금강저는 벼락을 내리는 무기다. 제석천이 금강저를 든 것은 인도 마투라 조각에서 가장 빠른 예가 있고 이때 범천은 연꽃을 들었다. 이전에는 제석천과 범천 모두 불자만 들고 있었는데 불자가 금강저와 연꽃으로 바뀐 것이다. 그렇다면 석굴암 범천과 제석천은 인도 마투라 조각에서 나온 범천과 제석천의 물건을 모두 표현한 셈이다. 범천과 제석천의 두광은 문수와 보현보살과 달리 테두리에 구슬 표현이 있고 서 있는 자리가 연화좌가 아니라 단순한 원형이다. 범천과 제석천은 문수보살과 보현보살보다 얼굴이 크고 몸에는 살집이 더 있어 차이가 나지만 보살과 마찬가지로 전체 모습은 여성화되었다. 석굴암 범천과 제석천 조각상은 한국 불교미술사에서 가장 빠른 범천과 제석천 조각상으로 의미가 있다.

도리천 밑이 사왕천이다. '4명의 왕이 있는 천'이란 뜻으로 동남서북 네 하늘을 지키는 사천왕은 모두 제석천의 명령을 받는다. 석굴암에서는 둥근 방으로 들어가는 통로를 지키고 있다. 들어가면서 오른쪽 안쪽이 오른손에 탑을 든 북방 다문천왕이고 바깥쪽이 칼을 든 동방 지국천왕이다. 범천과 제석천과 달리 천의를 입지 않고 몸에 달라붙은 갑옷을 입고 투구를 쓰고 무기를 들어 무장하고 부처님을 지킨다. 시선은 사방을 방어해야 하기 때문에 양쪽으로 고개를 돌렸다. 발 아래에는 악귀들이 있는데 어깨로 천왕들을 떠받치고 있는 것인지 아니면 천왕들이 악귀들을 짓누르고 있는 것인지 구분이 안 간다. 아무튼 사천왕 얼굴들 또한 10대 제자들과 같이 서역인 얼굴이다.

맞은편에 서방 광목천왕과 남방 증장천왕은 각각 왼손과 오른손에 칼을 잡아 대칭으로 만들었다. 이번에는 악귀들이 엎드려 등으로 받쳤는데 이는 맞은편 악귀들과 자세를 다르게 하기 위해서다. 서방 광목천왕은 다른 세 천왕이 취한 다리 자세와 달리 두 다리를 교차했다. 두 다리를 똑바로 내린 모습보다 훨씬 동세가 느껴지는 자세이기도 하고 통일 속에 변화를 주는 방법이기도 하다. 그런데 광목천왕 얼굴이 정면상을 하고 있지만 이는 훗날 수리해서 넣은 것으로, 아마도 파손되기 전 원본은 오른쪽으로 얼굴을 틀었을 것이다.

통로를 나오면 양쪽에 금강역사 2구가 서 있다. 금강역사는 상의를 입지 않고 치마만 입고 맨발에 맨주먹이다. 왼쪽 금강역사는 주먹을 양손 모두 쥐어 당장이라도 내려칠 기세이고 입은 열어 기합을 넣고 있다. 오른쪽 금강역사는 오른쪽 손바닥을 폈는데 왼손은 떨어져 나갔어도 분명 오른손처럼 폈을 것이고 입은 굳게 다물었다. 부처님 법을 수호하려는 강한 의지는 부릅뜬 눈과 허리를 꺾어 우뚝하게 선 모습에서 잘 드러난다. 배에 불끈 솟은 근육들은 금강역사의 강한 힘을 나타내는 특징이다. 부처님 세계로 들어가는 문지기 역할을 하는 금강역사

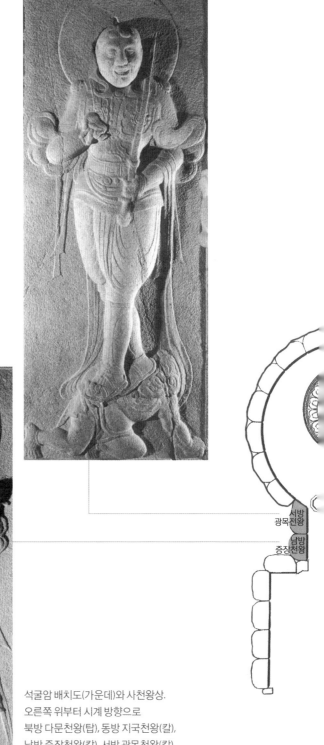

석굴암 배치도(가운데)와 사천왕상.
오른쪽 위부터 시계 방향으로
북방 다문천왕(탑), 동방 지국천왕(칼),
남방 증장천왕(칼), 서방 광목천왕(칼).

서방
광목천왕

남방
증장천왕

11면관음상

석가모니불

북방
다문천왕

동방
지국천왕

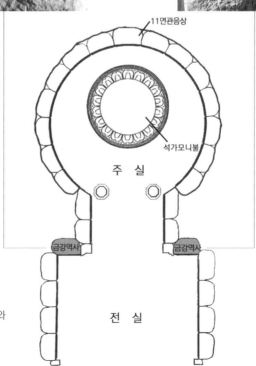

11면관음상

석가모니불

주 실

금강역사   금강역사

전 실

석굴암 배치도(가운데)와
금강역사 2구.

는 앞서 보았듯이 절 금강문에 봉안하고 금강저를 잡는 모습으로 나오기도 한다. 금강역사는 다른 말로 인왕仁王이라고도 부른다.

석굴암 모임의 마지막은 팔부중이다. 팔부는 '여덟 신의 무리'란 뜻으로 천, 용, 야차, 건달바, 아수라, 가루라, 긴나라, 마후라가 등이다. 천天, deva에 제석천과 범천 등도 포함되지만 두 천은 독립되어서 나왔기 때문에 팔부중에서 천은 범천과 제석천을 제외한 나머지 천 모두를 아우르는 의미로 사용된다. 『법화경』에서는 팔부중 각각을 모두 왕이라 부르니 용왕, 야차왕, 건달바왕 등이 그것이다. 문제는 몇몇을 빼고는 팔부중 도상을 정확히 이야기하기 어려운 점이다. 일단 얼굴에 용의 수염 같은 것을 달고 있는 것이 용왕일 것이고 얼굴과 팔이 여러 개인 것이 아수라왕일 것인데 이 둘만 추정할 따름이다. 다른 둘은 동물 가죽을 머리에 썼는데 이 둘의 이름을 알기는 어렵다. 여덟 가운데 둘은 칼, 하나는 창, 하나는 금강저 등 총 넷이 무기를 들어서 팔부중 물건은 무기라는 것이 드러난다. 이는 부처님 모임과 법을 수호하는 팔부중 역할과 맞는 부분이기도 하다.

그런데 팔부중 조각은 앞서 본 다른 석굴암 조각들과 비교하여 솜씨가 떨어진다. 석굴암은 20년 사업이었고 751년 경덕왕이 시작한 것을 774년 혜공왕 때 완성했는데, 앞 방에 있는 팔부중은 이때 마치지 못하고 훗날 어느 때인가 조각해 넣었기 때문에 이렇게 된 것이 아닌가 추정한다. 이상에서 살펴본 석굴암 구성은 이후 석가모니불 모임의 기본이 되어 조선 시대 석가모니불 모임 그림에서 다시 등장한다.

그런데 여기서 문제가 되는 것은 고려 시대에 그려진 불화에는 석가모니불 모임 그림이 남아 있지 않다는 점이다. 아미타불 모임 그림의 경우도 8대 보살 이외에는 다른 성중이 표현되지 않은 걸로 보아 석가모니불 모임 그림이 있었다면 역시 보살 이외에는 표현하지 않았을지 모른다. 그렇다면 조선 시대 석가모니불 모임 그림의 원류가 석굴암이

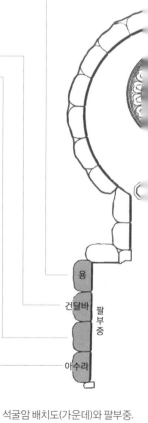

용

건달바 팔
부
중

아수라

석굴암 배치도(가운데)와 팔부중.

11면관음상

석가모니불

야차

팔
부
중

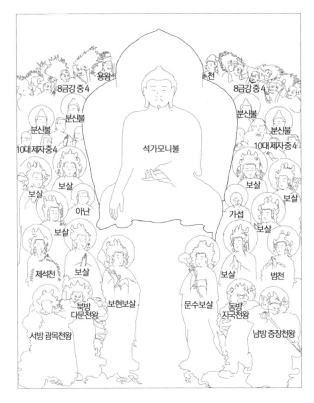

용왕
천
8금강중4
8금강중4
분신불
석가모니불
분신불
분신불
분신불
10대제자중4
10대제자중4
보살
보살
보살
아난
가섭
보살
보살
재석천
보살
범천
북방
다문천왕
보현보살
문수보살
동방
지국천왕
서방 광목천왕
남방 증장천왕

통도사 영산전 영산탱과 배치도.

라고 할 수 있다.

영산탱: 영취산에서 석가모니불이 설법하는 그림

이제 조선 시대 대웅전 후불탱인 영산회탱靈山會幀을 살펴보자. 영산회
탱은 줄여 영산탱靈山幀이라고도 한다. 양산 영축산 통도사 영산전 영
산탱은 1734년 완성되었고 세로 339cm, 가로 233cm로 크다. 당시 통
도사 불화의 우두머리인 임한이 스님 셋을 데리고 6월에 그렸다. 석가
모니불은 가부좌를 틀고 오른쪽 어깨를 드러내 가사를 입고 왼손은
배꼽 부근에 두고 오른손은 길게 뻗어 땅을 가리키는 항마촉지인을
지었다. 눈, 코, 입이 균형 잡혔고 중간 상투구슬도 뚜렷하고 귓불도 어
깨에 닿을 듯하고 목에는 주름 3줄이 있고 어깨는 딱 벌어져 가장 원

모임에 참석한 이들을 보호하는 사천왕. 왼쪽부터 서방 광목천왕, 북방 다문천왕, 동방 지국천왕, 남방 증장천왕이다. 통도사 영산전 영산탱(부분).

만한 신체를 갖추었다. 조선 시대 그림으로 그린 석가모니불 가운데 가장 당당하면서도 아름다운 부처님이다. 석가모니불이 앉은 연화좌를 녹색 천으로 덮어 연꽃이 드러나지 않게 한 것은 아마도 석가모니불을 더 돋보이게 하기 위한 방편이 아니었을까.

맨 앞에 여의如意를 든 문수보살과 연꽃을 든 보현보살을 시작으로 좌우에 총 10분 보살이 자리했다. 원래 영산탱에서는 여섯 보살이 기본이지만 화폭이 커졌기 때문에 보살 수를 늘려 화폭을 채웠다. 좌우보살들은 대칭으로 물건을 들거나 합장을 하거나 하여 변화를 주었고 마지막 자리 보살들만 얼굴을 정면으로 향했다.

두 번째 자리 보살 바깥에는 보살들보다 크기가 작은 범천과 제석천이 합장을 했다. 범천과 제석천은 생김새가 보살과 비슷하지만 옷 입는 방식에서 가슴을 가리기 때문에 가슴을 반쯤 드러낸 보살과 구분이 가능하다. 범천과 제석천 아래에는 사천왕이 자리했다. 오른쪽 뒷자리인 동방 지국천왕은 악기인 비파를 들지 않고 합장을 했는데 공간이 여의치 않을 때 이렇게 비파를 생략하기도 한다. 남방 증장천왕은 푸른 칼을 뻗치며 용맹함을 뽐내고 맞은편에는 용을 제압한 서방 광목천왕과 탑을 왼손에 들고 창을 오른손으로 잡은 북방 다문천왕이 석가모니불 모임을 방어한다. 사천왕 두광 위에는 구름 띠가 있는데, 이는 불보살(부처와 보살), 성문(불제자) 스님들과 이들을 호위하는 신중 무리를 구분하는 역할을 한다. 맨 위 8금강과 천과 용왕 아래에 있는 구름 띠도 마찬가지다.

팔부중 가운데 천과 용왕만 표현하고 나머지 여섯 무리는 생략했다. 영산탱에서 가장 묘사하기 까다로운 것이 팔부중이다. 천은 범천과 제석천 모습처럼 하면 되고 용왕은 왕 모습으로 하면 되지만 나머지 여섯을 모두 독특한 생김새로 표현하는 것은 쉽지 않다. 그리하여 팔부중 대신에 8금강역사를 그리는 경우가 많다. 통도사 영산전 영산탱은 8금강을 모두 표현했다. 금강역사상은 생김새가 모두 같기 때문에 여덟을 표현해도 어렵지 않고 통일감을 줄 수 있다.

10대 제자를 살펴보면 석가모니불 무릎 양쪽에 가섭과 아난이 자리했고 이 둘을 보살이 둘러싸고 있다. 그래서 가섭과 아난은 다른 제자들과 떨어지게 되었다. 그렇다면 가섭과 아난이 석가모니불과 가장 가까이에 있는 셈이다. 가섭의 백발 머리는 가운데가 위로 솟아 마치 부처의 살상투 같다. 두 손은 모아 깍지를 긴 상태에서 검지만 앞으로 내어 하나로 모았다. 이는 아난이 취한 합장 손짓과 차별화일 것이다. 보살 위의 나머지 8제자들은 생김새와 자세를 모두 다르게 하여 실재했

왼쪽부터 8금강역사 중 넷, 용왕, 천, 8금강역사 중 넷. 통도사 영산전 영산탱(부분).

던 제자들의 개성을 잘 살렸다. 몇몇 서역인 얼굴을 넣어 한국인 얼굴과 섞이게 한 점은 석굴암에서 다수가 서역인 얼굴이었던 것과 다른 점이다. 10대 제자는 두 분만 경전과 여의 같은 물건을 들었다.

이들 뒤에 좌우 네 분 부처가 자리했는데 이는 『법화경』에서 말하는 시방 세계에 흩어져 있는 석가모니 분신불을 의미한다. 분신불은 석가모니불이 설하는 『법화경』을 듣기 위하여 영취산에 모인 것으로 셀 수 없이 많은 분신불은 대개 2불이나 4불로 표현한다. 다른 영산탱에서는 주로 석가모니불 두광 좌우인 맨 뒷자리에 표현하기도 하는데 통도사 영산탱에서는 10대 제자 뒤로 옮겨 놓았다. 그렇다면 구름이 하는 역할이 더욱 뚜렷해졌다. 아래위에서 석가모니불 모임을 지키는 천·용왕·8금강과 사천왕에게 뚜렷한 공간을 설정해 준 것이다. 통도사 영산탱은 이후 경상도 영산탱의 기준이 된다.

대웅전은 조선 후기에 석가모니불, 약사불, 아미타불 세 불을 함께 모시는 것으로 확장되는데, 이는 조선 불교의 종합화 현상이다. 그러니

까 대웅전 안에 약사전과 극락전을 집어넣은 것으로 이는 대웅전 건물을 크게 하면서 가능해졌다. 이럴 경우 가운데 석가모니불, 동쪽에 약사불, 서쪽에 아미타불을 모시고 각각의 탱화를 불상 뒤에 봉안하는데 뒷벽만 3칸이 필요하게 된다. 만약 대웅전 규모가 크지 않을 때는 뒷벽이 1칸으로 되어 세 부처 모임을 1폭으로 압축해야 하는 경우

10대 제자 가운데 여덟과 분신불 넷(상투 튼 검은 머리). 통도사 영산전 영산탱(부분).

가 생긴다. 이 경우가 화성 화산 용주사 대웅보전 후불탱(1790년)이다. 용주사 대웅보전 후불탱은 조선 시대 영산탱, 약사불탱, 아미타불탱의 대종합을 이루었다.

　석가모니불, 약사불, 아미타불이 같은 불단에 나란히 가부좌를 틀었다. 석가모니불이 앉은 푸른 연화좌가 약간 뒤로 물러났고 높이도 다른 두 부처가 앉은 연화좌보다 높아서 석가모니불이 다른 두 부처에 비해 더 우뚝해 보인다. 광배도 다른 두 부처는 원형이고 석가모니불은 배 모양 광배로 차이를 두었다. 이 역시 질서 속에 변화다. 세 부처 모두 오른쪽 어깨를 반만 덮은 방식으로 통일했다. 3폭을 따로 조성할 경우 가운데 석가모니불은 오른쪽 어깨를 드러내는 방식으로 하는데 여기서는 통일감을 주기 위하여 같이한 것이다. 통일감은 약사불과 아미타불의 손짓을 같이한 데서도 드러난다.

용주사 대웅보전 후불탱과 배치도. 석가모니불(영산탱), 약사불(약사불탱), 아미타불(아미타불탱) 모임 장면을 1폭에 담았다.

두 손을 주먹 쥔 채 중지만 위로 올린 가섭과 경전을 든 아난. 용주사 대웅보전 후불탱(부분).

세 부처 앞에는 각각의 좌우보처 보살들이 자리했고 석가모니불 바로 앞에는 가섭과 아난이 자리했다. 가섭과 아난이 석가모니불 앞으로 나온 예는 이전에는 거의 없었다. 가섭은 두 손을 주먹 쥐고 맞댄 후 중지만 위로 올린 모습이다. 두 손을 깍지 끼고 검지만 앞으로 내던 이전 것에서 변화를 준 것이다. 이런 변화는 아난도 마찬가지다. 이전에 아난은 대개 합장을 했지만 이번에는 경전을 펴 들었다. 당연히 석가모니불 설법을 다 외워 경전 편찬의 일등공신임을 상징하는 모습이다. 기존의 어떤 가섭과 아난보다 대비가 잘 이루어졌고 생김새가 생생하다.

가섭과 아난 앞의 문수보살과 보현보살은 얼굴 생김새는 똑같지만 보관과 의복, 손 위치, 꽃 종류 등을 달리하여 닮은 듯 안 닮게 했다. 약사불 좌우 보살인 일광, 월광보살 역시 얼굴은 같지만 일광보살은 여의를 들고 월광보살은 합장을 했고 둘 다 보관에는 모두 둥근 원을 달

上殿下壽萬歲
主宮邸下壽萬歲
王妃殿下壽萬歲
世子邸下壽萬歲

석가모니불을 좌우에서 보좌하는 문수보살과 보현보살. 오른쪽에서 연꽃을 든 이가 문수보
살, 왼쪽에서 여의를 든 이가 보현보살이다. 흰옷을 입고 검은 정병을 든 관세음보살도 일부 보
인다. 용주사 대웅보전 후불탱(부분).

비파를 든 동방 지국천왕(오른쪽)과 탑을 든 북방 다문천왕. 용주사 대웅보전 후불탱(부분).

아 일광, 월광보살 상징으로 삼았다. 아미타불 앞에는 관세음보살과 대세지보살이 자리했다. 관세음보살은 백의를 입었고 아미타불이 있는 보관을 쓴 채 두 손을 아래로 모아 검은 정병을 들었다. 정병을 검은색으로 한 것은 흰옷과 대비시킨 듯하다. 이렇게 세 부처의 좌우보처 보살에다가 화폭 양끝에 금강저를 든 보살과 연꽃을 든 보살을 더하여 보살은 총 8구다.

이들 위에 합장을 한 범천과 제석천이 자리했고 범천 위에는 당비파를 두 손으로 받쳐든 동방 지국천왕이 있다. 사천왕이 모임 뒤로 간

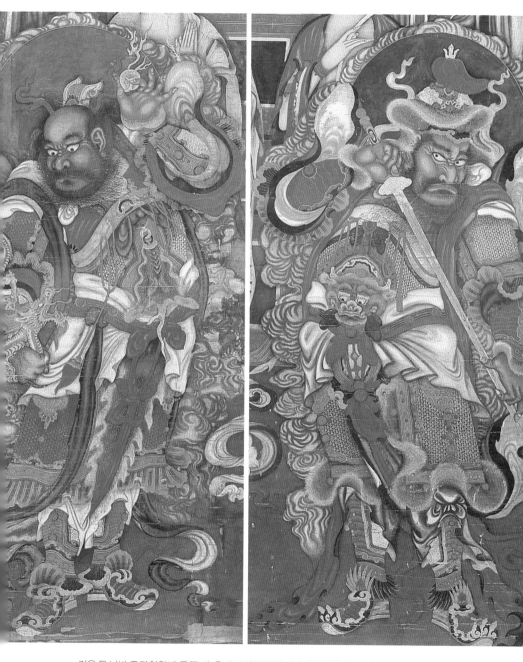

검을 든 남방 증장천왕(오른쪽)과, 용과 여의주를 쥔 서방 광목천왕. 용주사 대웅보전 후불탱(부분).

아주 드문 경우로 앞에 공간이 없기 때문에 뒤로 보냈다. 덕분에 사방에서 부처 모임을 지킨다는 의미가 더욱 살아났다. 대개 앞쪽으로 나올 때 공간이 부족하면 악기 비파는 생략하기도 하는데 여기서는 동방 지국천이란 것을 보여 주기 위하여 두 손으로 비파를 잡았다. 이 점역시 용주사 후불탱이 갖고 있는 장점이다.

맨 아래에서는 남방 증장천왕이 왼 손가락으로 칼끝을 누르며 매서운 눈빛을 쏟아 낸다. 투구와 칼 손잡이 부분은 금박으로 번쩍이는데 용주사 후불탱은 이 금박 덕분에 왕실 원찰 불화가 갖고 있는 호사스러움을 자랑한다. 맞은편에는 오른손으로 황룡을 제압한 서방 광목천왕이 왼손에 황색 여의주를 들었다. 원래 여의주는 붉은색이지만 여기서 황색으로 한 것은 황룡과 맞춘 것이다. 이렇듯 용주사 후불탱은 도상은 전통에서 가져왔지만 채색에서 변화를 꾀했다. 맨 위에 북방 다문천왕이 이전과 달리 탑을 두 손으로 받친 것은 비파를 든 동방 지국천왕과 균형을 맞추기 위해서고 그러다 보니 탑이 커져 11층이나 된다. 탑 전체를 금박으로 덮었고 이에 어울리게 투구도 금박으로 입혀 매우 화려하다. 사천왕 얼굴에서 뿜어져 나오는 호탕한 기운은 조선 사천왕 그림 가운데 최고다.

석가모니불 두광 좌우에는 10대 제자 가운데 여섯이 자리했다. 가섭과 아난을 더하면 총 여덟이 되고 둘은 생략했다. 제자들 뒤로 두 분의 분신불이 자리했고 왼쪽 분신불은 목에 커다란 염주를 걸었다. 조선 시대 탱화에서 부처가 목에 염주를 건 유일한 예다. 아마도 『법화경』에 나오는 다보불을 표시한 징표가 아닌가라는 생각이 든다.

모임 마지막은 팔부중으로 천과 용왕만 표현했다. 원래 천이 먼저이기 때문에 오른쪽에 오고 용왕이 왼쪽에 오는데 영조 대에 들어서 천과 용왕의 자리가 바뀌게 된다. 이것은 아마도 용왕이 왕 모습이기 때문에 왕조 국가인 조선에서 왕을 높이려는 생각이 작용한 것일지 모른

용왕(왼쪽에서 세 번째)과 천(왼쪽에서 두 번째). 용왕의 모습이 다른 영산탱 것들과 달라 정조 임금을 모델로 하지 않았을
까 추측된다. 천의 머리 모양 역시 왕실 여성의 방식인 것으로 보아 정조 임금의 비인 효의왕후를 상징한 듯하다. 곁에 있는
동자 둘은 왕 부부의 장수를 기원하는 복숭아를 들고 있다. 용주사 대웅보전 후불탱(부분).

다. 그래서 오른쪽에 용왕이 오고 왼쪽에 천이 오는 것으로 굳어지는
데 용주사 후불탱 역시 마찬가지다.

그런데 용왕 모습이 이전 다른 영산탱 속 용왕의 모습과 다를뿐더
러 용주사 후불탱 무리 가운데 가장 개성 넘치는 용모다. 아마도 이
용왕은 정조 임금을 모델로 하지 않았을까 싶다. 눈썹과 수염이 거의
사천왕만큼이나 짙어서 실재 인물을 모델로 한 듯한 느낌이다. 이 그림

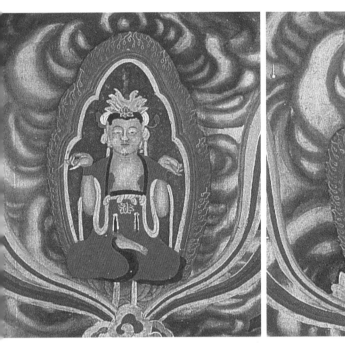

비로자나불(오른쪽)과 노사나불. 용주사 대웅보전 후불탱(부분).

이 완성되었을 때 정조 임금이 39세였고 저 얼굴도 대략 그 나이 대다.
이런 추정을 더 확실히 하는 것이 맞은편 천 모습이다. 머리를 커다란
타원형 2개로 만들어 뒤로 올린 저 모습은 왕실 여인들 머리 모양이
다. 이것은 기존에 없던 도상이다. 그렇다면 이 여인은 정조 비였던 효
의왕후가 아닐까. 정조 임금보다 1살 연하였으니 38세의 효의왕후라고
보아도 될 것이다. 그렇다면 용왕이 정조 임금 얼굴이듯이 천이 효의왕
후 얼굴일까. 그렇지는 않을 것이다. 일단 천 얼굴은 다른 조선 영산탱
에 나오는 천 얼굴과 크게 다르지 않다. 더군다나 효의왕후가 용주사
후불탱을 그린 단원 김홍도(1745~1806?)에게 얼굴을 드러낸 적이 있을
리가 없다. 그래서 기존 천 얼굴에 머리만 왕실 여인의 머리 올리는 법

으로 하여 왕비를 상징했을 것이다.

용주사가 정조 임금이 아버지 사도세자에게 바친 효심의 결정체라면 용주사 후불탱에 정조 임금이 들어가는 것 또한 무리는 아닐 것이다. 이런 추정을 뒷받침하는 또 다른 증거는 용왕과 천 옆에 있는 동자 모습이다. 원래 동자는 명부를 그린 지장탱에 등장하지만 여기서는 영산탱에 나왔고 양손에는 장수를 축원하는 복숭아를 들었다. 이는 왕과 왕비가 오래 살기를 바라는 의미일 것이다. 그렇다면 용주사 후불탱이 정조 임금 때 그려졌다는 사실의 증거 중 하나가 용왕과 천과 복숭아 든 동자인 것이다.

이것으로 끝이 아니다. 용주사 후불탱이 조선 탱화의 종합인 것은 약사불 상투구슬에서 나간 빛이 지혜주먹 손짓(지권인智拳印)을 한 비로자나불을 받친 것과 아미타불 상투구슬에서 나간 빛이 설법 손짓(설법인)을 한 노사나불을 받친 것에서도 드러난다. 미니어처같이 첨가한 비로자나불과 노사나불은 각각 법신불과 보신불이고 여기에 화신불인 석가모니불을 더하면 삼신불이 된다. 삼신불을 모신 집을 대광명전이라고 한다. 그렇다면 용주사 후불탱은 대웅전, 약사전, 극락전, 대광명전 주불을 모두 모신 셈이다.

감로탱: 배고픈 귀신에게 단 이슬을 베푸는 그림

대웅전에 후불탱으로 영산탱이 걸리고 대웅전 좌우 벽에도 탱화가 걸리는데 왼쪽 벽에 걸리는 탱화가 감로탱甘露幀이다. 감로탱은 절에서 지내는 천도재薦度齋 가운데 내표인 수륙재水陸齋를 표현한 그림이다. 수륙재는 물과 육지에서 떠도는 외로운 혼령들이 극락왕생하도록 지내는 재를 말한다. 수륙재에서 고혼孤魂(외롭게 떠도는 혼)들이 주된 천도 대상이지만 이들 말고도 육도六道(혹은 오도)에서 윤회하는 천, 인, 아귀, 지옥, 축생도 등도 천도 대상이 된다.

선암사 서부도전 감로탱.

감로탱에는 아귀餓鬼(배고픈 귀신)가 감로(불보살이 주는 단 이슬)를 받는 대표로 나온다. 그렇다면 수륙재를 지내며 감로탱을 거는 것은 사람 눈에는 보이지 않는 아귀를 눈에 보이게 하여 수륙재를 지내는 목적을 확실하게 보여 주는 효과가 있다. 그래서 감로탱은 수륙재 의식을 한눈에 파악하게 하는 그림이다. 조선 불교에서는 천도재를 의식에서 으뜸으로 여겼기 때문에 조선 500년간 감로탱은 끊이지 않고 이어졌다.

1741년 선암사 서부도전에 걸린 감로탱을 보자. 의겸 스님이 그린 가

구름 위에서 합장을 하고 있는 7여래. 선암사 서부도전 감로탱(부분).

흰옷을 뒤집어쓰고 있는 관세음보살(오른쪽)과
육환장을 들고 있는 지장보살.
선암사 서부도전 감로탱(부분).

휘날리는 오색 띠를 들고 고혼과 아귀들을
극락으로 인도하는 인로왕보살.
선암사 서부도전 감로탱(부분).

장 뛰어난 감로탱이고 이후 모든 감로탱의 모범이 되는 작품이다. 상단에는 7여래가 구름을 타고 합장을 하고 있다. 맨 왼쪽 여래만 시선을 달리하여 변화를 주었고 얼굴 생김새나 의복은 모두 같다. 7여래 이름은 의식집에 나오는데 이 가운데 아미타여래와 감로왕여래가 있다. 그래서 이 탱화를 감로왕탱甘露王幀이라고도 부른다. 7여래 가운데 핵심은 아미타여래다. 왜냐하면 외로운 영혼과 아귀가 가려는 목적지가 극락이기 때문이다. 그렇다면 아미타여래가 극락왕생자들을 맞이하러 내려오는 감로탱은 고려 시대에 많이 그린 아미타내영도阿彌陀來迎圖의 연장선에 있는 그림이 된다. 아미타내영도에서 아미타여래는 왕생자를 홀로 맞이하거나 관세음보살과 대세지보살과 함께 맞이하거나 한다. 조선 시대 감로탱에서도 보살들이 함께 왕생자를 맞이하는데 선암사 서부도전 감로탱에는 관세음보살과 지장보살이 나란히 7여래 오른쪽에 서 있다. 이들 사이에 아미타여래가 있으면 고려 아미타내영도가 된다.

관세음보살은 흰옷을 보관 위로 뒤집어썼고 아미타불이 합장하고 있는 보관을 썼으며 두 손은 모아 정병을 들었다. 고려 불화에서는 병 주둥이를 손으로 잡은 것과 다르게, 이번에는 병 주둥이가 없고 병 목에 맨 붉은 끈을 잡아서 양손이 훨씬 편안하다. 정병을 검은색으로 한 것은 의겸이 그린 다른 관세음보살 그림과 마찬가지다. 맨머리 지장보살은 왼손에 보주를 들고 오른손에 육환장六環杖을 잡고서 관세음보살을 쳐다본다. 왕생자를 맞이하러 온 두 보살은 이렇듯 화기애애하다. 지장보살도 관세음보살과 마찬가지로 귀걸이와 목걸이를 했다. 육환장은 육도윤회六道輪廻를 상징하기 때문에 보통 고리가 6개인데 여기서는 5개다. 조선 시대 수륙재에서는 아수라도가 빠져 육도윤회가 아닌 오도윤회이기 때문일 것이다.

7여래 왼쪽에는 오색 띠가 날리는 막대기를 위아래로 잡은 인로왕引路王보살이 몸은 오른쪽을 향하고 얼굴은 왼쪽을 향하며 고혼과 아

아귀 둘과 음식, 꽃, 향, 초 등 육법공양이 차려진 탁자. 이 아귀들은 수륙재에서 감로를 받아먹고 극락왕생하게 될 것이다. 선암사 서부도전 감로탱(부분).

귀들을 극락으로 이끌고 있다. 그러니까 오색 띠는 일종의 방향지시기인 셈이다. 오색 띠에서 붉은색이 둘이고 검은색이 없는 것은 하늘이 검기 때문에 검은색은 빼고 검은색과 잘 어울리는 붉은색을 한 번 더 사용한 듯하다. 인로왕보살은 고혼과 아귀들을 극락으로 데려간다는 감로탱 내용을 가장 명확하게 보여 주는 이다. 이들 7여래와 관세음, 지장, 인로왕보살은 모두 구름에 둘러싸여 천상에 자리한다. 이들이 감로탱 상단을 구성하고 하단에는 수륙재 장면이 펼쳐진다.

수륙재 의식을 집행하는 작법승들. 작법승들은 수륙재를 통해 물과 육지에 떠도는 외로운 혼령들을 극락으로 보내 준다. 선암사 서부도전 감로탱(부분).

하단 가운데는 음식과 꽃과 향과 초가 있는 탁자가 마련되었다. 오늘날 공양단에 올리는 것과 같다. 양쪽과 뒷줄에는 종이로 만든 꽃을 병과 그릇에 꽂아 장식했고 쌀밥이 담긴 그릇과 가지, 참외, 수박, 석류 등이 담긴 그릇을 2줄로 놓았다. 앞줄 밥그릇 사이에는 받침이 있는 찻잔이 있다. 그릇 2줄 사이에 촛대 4개와 향로 1개가 있다. 이렇게 해서 총 6개의 공양물이 차려졌고 이를 육법공양六法供養이라고 부른다.

공양이 차려진 탁자 앞에는 푸르고 붉은 머리털을 한 아귀 둘이 한쪽 무릎을 꿇고 앉았다. 생김새와 의복은 두 아귀들이 서로 같은데 다만 왼쪽 아귀는 왼손에 발우(바리때)를 들고 입에선 불을 토하고 있다.

붉은 머리의 아귀 무리가 극락왕생을 바라며 큰 아귀 둘을 향해 발우를 내밀고 있다. 선암사 서 부도전 감로탱(부분).

이 아귀가 입에서 불을 토한다는 염구焰口아귀로 이날 감로를 받는 대표 아귀다. 그런데 의식집에는 이 아귀를 '대초면왕大焦面王 비증보살悲增菩薩'이라고 이름 붙이고 수륙재에서 받들어 청하는 대상에 포함시켰다. '초면'이란 '바짝 마른 얼굴'이란 뜻으로 아귀가 먹지 못해 얼굴이 삐쩍 마른 상황을 묘사하는 단어다. 그리고 '자비가 늘어나는 보살'이란 뜻인 비증보살로 다시 부른 것은 아귀를 보살화한 것이다. 그래서 염구아귀는 먹지 못해서 비쩍 마른 형상이 아니라 근육질에다가 화려한 천의를 걸치고 귀걸이와 목걸이에 팔찌까지 했다. 머리칼만 빼면 금강역사와 외모가 비슷하다. 보살은 중생을 위해 방편을 보이기 때문에 이번에는 보살이 아귀 모습으로 나타나 중생들을 구제하는 데 도움을 주는 것이다.

원래 아귀가 보살로 화한 것(혹은 거꾸로 보살이 아귀로 화한 것)이 하나였지만 수륙재 의식집이 늘어나면서 짝을 이루는 방향으로 발전하여 새로이 '지증보살智增菩薩'이 추가된다. 이는 '지혜가 늘어나는 보살'이란 뜻이다. 그리하여 조선 후기 감로탱에서는 비증보살과 지증보살이 나란히 나오다가 19세기에 가서는 다시 하나로 줄어든다. 머리털이 푸른 아귀가 붉은 머리털 아귀를 쳐다보는 것은 지장보살이 관세음보살을 쳐다보는 것과 비슷하여 두 아귀 사이도 화기애애하다. 이 두 아귀는 감로를 발우에 받아먹고 극락으로 가서 태어날 것이다.

이제는 의식을 집행하는 작법승作法僧을 보자. 스님들은 크게 3줄로 섰는데 머리에 쓴 모자에 따라 역할이 나뉘었다. 오른쪽 둥근 삿갓을 쓴 스님 셋이 우두머리인 듯하다. 가운데 요령 같은 것을 든 백발 스님은 의자에 가부좌를 틀고 앉아 왼손으로 아귀들을 가리키는 것 같고 양쪽 스님들은 합장을 하며 아귀들을 맞이하는 듯하다. 그 왼쪽에 흰 고깔을 쓴 스님 넷이 자리했고 이 중 둘은 의식집을 들고 다라니를 읽고 있다. 뒤에 색이 있는 고깔을 쓴 스님들은 바라, 징, 나발, 북 등을 연주하고 있다. 오른쪽에 검은 두건을 쓴 이들은 딱히 맡은 일이 없는 듯 보이는데 이 가운데 둘은 큰 스님 뒤에서 꽃가지를 들었다. 수염도 없고 얼굴도 앳된 걸로 보아 사미승들이 아닌가 싶다. 이렇게 작법에 참여한 승려는 모두 21명으로 얼굴 표정이 모두 밝고 환하다. 이런 기운 덕분에 의식은 원만히 이루어져 무주고혼無主孤魂(머물 곳 없이 외롭게 떠도는 혼)들은 무사히 극락으로 왕생할 것이다. 하단에서 아귀 둘을 빼고는 작법승들이 가장 크게 묘사되었다. 조선 시대 수륙재 작법승 모습을 보여 주는 중요한 장면이다.

화면 맨 왼쪽 아래에는 붉은 머리털에 상체를 벗은 아귀들이 양손

바다에서 풍랑을 만나거나 다툼이 생기거나 전쟁이 일어나는 등 인간사에서 일어날 수 있는
여러 죽음 장면들이 묘사되어 있다. 선암사 서부도전 감로탱(부분).

수륙재에 참여한 왕과 관료, 궁중 여인들과 스님들. 왼쪽 아래로는 남사당패 모습도 보인다. 선 암사 서부도전 감로탱(부분).

에 발우를 들고 큰 아귀 쪽으로 내밀고 있는데 이들이 의식집에서 말하는 아귀도餓鬼道다. 이들 아귀 무리는 공양단 앞의 두 아귀왕과 같이 감로를 먹고 극락왕생할 것이다.

이들 아귀 무리 오른쪽으로 인간사에서 일어나는 비통한 여러 죽음 장면들이 펼쳐진다. 아귀들 앞에는 배를 타고 있는 사람들이 나오는데 아마도 해상에서 풍랑을 만나 당하는 죽음을 뜻하는 듯하다. 그 위에는 관리의 멱살을 잡고 다투거나 관리가 백성을 몽둥이로 내리치거나 백성들끼리 그릇이나 막대기를 들고 싸우는 장면이 나온다. 이렇게 해서 죽음을 맞이하는 경우 이들이 무주고혼이 된다.

뱃길 오른쪽에는 산에서 호랑이에게 해를 당하거나 뱀에게 물리거나 하는 장면이 이어지니 이것이 물과 육지에서 떠도는 외로운 영혼이 누구인지 보여 준다. 수레에 짐을 싣고 길을 가거나 남사당패에서 줄타기를 하거나 말을 타다 땅으로 떨어지거나 하는 인간사에서 만날 수 있는 모든 사고가 펼쳐진다. 말을 타고 창을 휘두르고 활시위를 당겨 적군을 쏘는 전쟁 장면도 나온다. 단일 사건으로는 가장 규모가 크게 그렸으니 역시 예나 지금이나 전쟁은 가장 많은 무주고혼을 만든다. 오른쪽 위에는 집이 무너져 기둥에 깔리거나 불구덩이에 싸여 비명을 지르는 모습들도 있어서 사람들이 살아가면서 맞닥뜨리는 거의 모든 재앙이 묘사되었다.

감로탱 구성에서 마지막은 수륙재에 참여한 사부대중四部大衆의 모습이다. 비구, 비구니, 우바새(남자 신도), 우바이(여자 신도) 등이 공양단을 향해 합장을 하고 있다. 위에서부터 구름으로 구분된 곳에서는 왕과 관료와 궁중 여인들이 재에 참여했고 아래로는 스님들 모습도 보인다. 작법승이 아닌 스님들은 이렇게 따로 모아 놓았다. 그 뒤와 아래에는 일반 백성들 모습도 잡힌다. 수륙재를 '무차無遮 수륙재'라고 하는데 신분과 남녀의 차별 없이 누구나 참여할 수 있기 때문이다. 그래서 위로는 왕에서부터 아래로는 서민들까지 모두 평등하게 참여하는 모습이 감로탱에 생생하게 펼쳐진다. 감로탱은 중국과 일본에 없는 조선 고유의 탱화이고 이는 다음에 살펴볼 삼장탱 역시 마찬가지다.

삼장탱: 하늘·땅·지옥의 무리들이 함께 자리한 그림

삼장탱三藏幀은 대웅전 오른쪽 벽에 신중탱과 나란히 걸린다. 삼장탱과 신중탱 구성원이 불보살 아래 무리들이기 때문이다. 그래서 삼장탱과 신중탱을 중단탱이라고 부른다. 영산탱은 상단탱이 되고 감로탱은 하단탱이 된다. 삼장탱은 수륙재에서 받들어 청하는 무리들 가운데 상단인 불법승佛法僧 아래에 있는 천선天仙, 지기地祇, 명부冥府 무리를 한자리에 모은 그림이다. 원래 명부 무리를 그린 그림은 지장탱이 있었기 때문에 천선 무리와 지기 무리도 명부 무리처럼 보살을 가운데 두고 좌우에 권속들이 둘러싸는 구성으로 했다. 따라서 천선 무리를 이끄는 천장보살과 지기 무리를 이끄는 지지보살이 등장하게 된다.

1728년 대구 팔공산 동화사 대웅전에 봉안된 삼장탱을 살펴보자. 하나의 수미단 위에 같은 얼굴을 한 세 보살이 가부좌를 틀었다. 가운데 천장보살과 오른쪽 지지보살은 의복 색과 문양만 다르고 손짓은 설법 손짓으로 같다. 모임을 이끄는 보살 손짓으로는 설법 손짓이 제일 무난하다. 지지보살은 왼손에 경권을 쥐었다. 보살 가운데 경권을 물건으로 삼는 것은 지혜 제일인 문수보살이지만 꼭 문수보살만 경권을 드는 것은 아니다. 그런데 천장보살은 손에 물건을 들지 않았다. 원래 보살은 부처와 달리 손에 물건을 드는 것을 특색으로 하지만 여기서 세 보살의 중심인 천장보살은 순수한 설법 손짓으로 하여 차별화시켰다.

천장보살은 천天, 성군星君(별 임금), 선인仙人을 거느리는데 이들 천선중天仙衆은 모두 의복으로 구분이 가능하다. 별 임금과 선인까지 모두 수륙재에 부르는 것은 불교가 포용력이 넓은 종교라는 것을 말한다. 천선중 가운데 천이 으뜸이기 때문에 천장보살 앞 좌우에 천이 자리하고 이들 천의 모습은 다른 탱화 속 범천과 제석천과 같다. 천을 천장보살의 좌우보처라고 부를 수 있고 화폭이 커지면서 불단 앞에 천이 두 쌍으로 나오기도 한다. 천장보살 신광 좌우에 성군과 선인이 자리하는데 동화사 삼장탱의 경우 두건과 도포를 입은 선인만 등장했다. 성군을 생략한 이유는 아마도 오량관을 쓰고 나오는 성군 모습이 명부 무

동화사 대웅전 삼장탱과 배치도.

리 속 시왕 모습과 차이가 없기 때문에 도상에서 반복을 피하기 위해 서였을 것이다.

선인 넷이 신광 좌우에 서고 두광 좌우에는 과일을 든 천녀들과 동자가 섰다. 그런데 천녀 모두 코와 턱에 수염이 있다. 이는 조선 탱화 도상에서 풀기 어려운 부분이다. 천녀 앞에 있는 쌍상투를 튼 동자는 선인을 보좌하는 역할을 맡았을 것이다. 이는 나한전에 아라한을 시중드는 동자들이 있는 것과 마찬가지다. 정리하면 천녀는 천과 성군에 속하고 동자는 선인에 속한다.

지지보살이 이끄는 무리들은 지기중地祇衆이라고 한다. '땅에 사는 신 무리'라는 뜻으로 금강, 야차, 명왕, 귀자 등 땅에 거주하는 모든 신이 여기에 포함된다. 지지보살 앞 오른쪽에 서방 광목천왕과 비슷하게 생긴 무장이 있고 맞은편에 홀을 든 왕은 영산탱 속 용왕 모습과 같다. 투구와 갑옷을 입은 신중들이 모두 합장을 하며 지지보살에게 경의를 표한다. 지지보살 두광 좌우에는 천장보살과 마찬가지로 천녀와 동자가 합장을 하며 서 있다. 이 둘은 지기중과 어떤 관련도 없지만 천장보살 모임과 균형을 맞추기 위해 자리했다.

마지막은 지장보살과 명부중冥府衆이다. 이는 지장탱 구성과 같기 때문에 지장탱을 축소하거나 그대로 넣으면 되는데 화폭 크기에 맞춰 상황이 달라진다. 한 화폭에 세 보살과 모임을 넣어야 하기 때문에 줄여서 들어가는 경우가 많지만 18세기 후반에 삼장탱 화폭이 커지면서 지장탱 전체 구성을 넣는 것도 가능했다. 동화사 삼장탱의 경우는 명부 무리 가운데 대표로 1구씩만 자리했다. 불단 좌우에 도명존자와 무독귀왕이 있고 뒤로 시왕 1구, 판관, 옥졸, 사자, 동자가 섰다. 지장보살 무리 가운데 동자는 시왕을 시중드는 역할을 한다. 두광 맞은편에는 역시 시왕을 시중드는 궁녀가 자리해 다른 두 보살의 구성과 짝을 맞췄다. 이렇게 해서 동화사 삼장탱은 완성되었다. 이후 조선 시대 삼장탱은 성중들의 숫자가 늘어나고 이는 다른 조선 불화가 걸었던 길과 같다.

신중탱: 하늘 신과 땅 신들이 함께 자리한 그림

대웅전 탱화 가운데 벽에 거는 마지막 그림이 신중탱神衆幀이다. 신중
탱은 말 그대로 신중이 주인공인 탱화다. 신중은 대표가 천룡팔부天
龍八部라고 일컬어지는 팔부중이다. 팔부중 가운데 첫째와 둘째가 천
과 용이어서 천룡팔부라고 부른다. 나머지 여섯은 긴나라, 건달바, 아
수라, 가루라, 마후라가, 야차다. 팔부중이 나오는 대표 경전이 『법화
경』이고 그래서 이를 법화신중이라 부른다. 『법화경』이 대승 경전의
핵심이라고 한다면 『화엄경』은 대승 경전의 종합이다. 그리하여 『화엄
경』에는 『법화경』에 등장하는 팔부중이 더욱 넓어진다. 신중 숫자가
39로 늘어나서 이를 39위 신중 혹은 화엄신중이라고 부른다. 먼저 천
이 12천으로 세분화되고 구반다왕이 첨가되고 토속신 19위가 들어와
총 39위가 된다. 그러니까 『화엄경』에서는 『법화경』의 팔부중이 20으
로 늘어나고 19위 토속신이 결합된 것이다.

한편 구반다는 사천왕 가운데 남방 증장천왕이 거느리는 첫 번째
시종이다. 사천왕들은 시종을 둘씩 거느리는데 동방 지국천왕이 건달
바, 서방 광목천왕이 용, 북방 다문천왕이 야차를 첫 번째 시종으로 거
느린다. 그런데 건달바, 용, 야차는 모두 석가모니불 팔부중 안에 들어
간다. 그러니까 화엄신중은 부처님 팔부중에 사천왕의 첫 번째 시종을
합한 결과다.

조선 시대 신중탱은 제석천이 으뜸이 되어 처음 등장한다. 동화사
대웅전 1728년 신중탱(제석도)은 제석탱의 모범을 보여 준다. 병풍을 둘
러친 의자 위에 제석천이 두 다리를 내리고 앉았다. 보관을 쓰고 포복
袍服을 입었는데 이는 영산탱에 등장하는 제석천과 같은 모습이다. 손
짓은 두 손을 맞잡으려는 듯해 석가모니불의 초전법륜인(석가모니가 처

동화사 대웅전 1728년 작 신중탱(제석도)과 배치도.

동화사 대웅전 1765년 작 신중탱(천룡도)과 배치도.

음 설법할 때 보인 손짓)과 비슷하다. 이는 제석천이 연꽃이나 모란꽃 가지를 잡고 있었던 것에서 이를 없애면 나오는 손짓이 아닌가 한다. 영산탱에서는 제석천이 석가모니불을 향해 합장만 하면 되었는데 이제 주존으로 나오니 자연스레 설법 손짓으로 바뀐 것이다. 제석천은 영산탱에서는 여성성이 우세했지만 주존으로 나오면서는 남성성이 뚜렷해졌다.

제석천이 머무는 성을 선견성善見城이라고 한다. 그래서 제석탱은 선견성에 머무는 제석천 모습을 담은 불화다. 제석천 앞에는 같은 보관과 의복을 입은 천 둘이 합장을 했다. 제석천은 수미산 정상에서 32천을 거느리니 제석천 앞에 나온 천 둘은 32천 가운데 둘일 것이다. 이들 양쪽에 오량관을 쓰고 홀을 든 왕이 서 있으니 이들은 제석천의 권속인 2만 천자의 하나일 것이다. 두 번째 줄에는 해와 달이 그려진 면유관을 쓴 왕들이 홀을 들거나 합장을 했으니 이들은 일천자, 월천자일 것이다. 맨 뒤에는 천녀 둘과 동자 둘이 마주했는데 천녀들은 각각 용 머리 장식을 단 도끼와 해와 달이 그려진 파초선을 들었다. 제석천은 불교 제일 수호신이기 때문에 금강저를 가지고 부처님 법을 지키는데 여기서는 도끼로 금강저를 표현한 것이 아닌가 한다. 동자들은 공작 깃털과 봉황 깃털 부채를 들고 제석천을 시중든다.

제석탱과는 다른 신중탱이 동화사 대웅전에 하나 더 있다. 두 번째 1765년 작 신중탱(천룡도)을 살펴보자. 오색 구름을 사이에 두고 아래에 다섯, 위에 셋, 총 여덟 신이 등장한 그림이다. 아래 가운데 얼굴에 흰 비늘이 가득하고 포복을 입고 무기를 들지 않은 이는 지신의 우두머리인 용왕이다. 용왕 좌우에 투구와 갑옷을 입은 신들이 화살이나 삼지창을 드는 등 무장을 했다. 석굴암 팔부중처럼 각양각색 무기를 들었으니 부처님 법 수호에는 무기와 힘이 필요하다는 것을 알 수 있다.

구름 위 양쪽에는 붉은 머리털과 이마에 눈을 가진 신들이 자리했

국립중앙박물관에 소장되어 있는 1750년 작 신중탱(제석신중도)과 배치도.

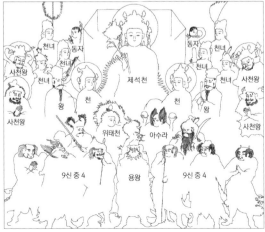

다. 왼쪽에서 양손에 해와 달을 들고 있는 이는 아수라이고 봉황 날개 투구를 쓴 이는 남방 증장천왕이 거느린 8대장의 우두머리인 위태천이다. 위태천은 사천왕이 거느린 32대장의 우두머리이기도 하다. 장수 모습으로 등장하고 무기인 금강저는 생략했다. 이렇듯 위태천은 지신 무리를 이끌며 제석천이 없는 신중 무리에서 우두머리 역할을 맡는다.

조선 시대 신중탱은 제석천 무리와 위태천 무리가 결합되는 방향으로 나아간다. 대표 작품이 1750년 작인 국립중앙박물관 소장 신중탱이다. 2단으로 나눈 화면 위에 모란꽃 가지를 든 제석천이 천과 천녀와 동자에 둘러싸였다. 천녀와 동자는 생황, 비파, 대금, 해금 등을 연주하고 봉황과 공작 깃털 부채를 들었다. 이 작품에서 특이한 점은 제석천 무리 좌우에 사천왕이 등장한 것으로 이는 다른 신중탱에서 보기 어렵다. 제석천이 머무는 도리천 아래가 사왕천이고 제석천이 내린 명령을 수행하는 이가 사천왕이기 때문에 사천왕이 제석천 무리를 호위하는 것도 이해가 된다. 그런데 영산탱 속 사천왕 모습과 다르게 네 왕 모두 합장하는 자세로 바꾸어 영산탱 속 사천왕과 차별화시켰다.

아래 단은 다시 두 구역으로 나뉘는데 상단에 위태천과 아수라 둘만 구름으로 경계를 지었고 아래에 용왕을 중심으로 9신이 무기를 들었다. 아직 위태천이 무리에서 중심은 아니지만 시간이 지나면서 위태천이 용왕 위치를 차지하여 중심이 된다. 이는 위태천이 사천왕 32대장 가운데 우두머리이기 때문에 가능했다.

괘불탱: 절 마당에 높게 거는 큰 그림

대웅전에서 만나는 마지막 탱화는 대웅전에 보관하다가 꺼내어 대웅전 앞마당에 거는 괘불탱掛佛幀이다. 조선 시대의 절 탱화 제작에서 정점에 있는 괘불탱은 한국 종교회화가 이룩한 금자탑이다. 임진왜란 이후 조선 괘불탱은 큰 화면 덕분에 삼신불 모임과 삼계불 모임을 모두

은해사 괘불탱.
11m로 엄청나게 크게
만들어져 절 행사 때
대웅전 앞마당에 걸린다.

담는 것에서 출발하여 이후 간략화와 압축으로 단순화되었다. 여기에서 영취산 모임에서 석가모니불이 설법 손짓을 한 도상이 나오는데 이는『석씨원류응화사적釋氏源流應化事蹟』(1673년)의 도상에서 영향받았을 것이고 석가모니불이 꽃을 든 도상도 나오는데 이는『선문조사예참문禪門祖師禮懺文』(1660년)의 도상에서 영향받았을 것이다.

이런 와중에 항마촉지인을 한 석가모니불과 꽃을 든 석가모니불이 단독으로 괘불탱에 등장한다. 이는 영취산 모임에서 석가모니불만 압축하여 나타낸 것으로 가부좌를 틀고 있던 석가모니불이 입상으로 변한 것이다. 항마촉지인을 한 석가모니불은 오른팔을 아래로 쭉 뻗은 모습으로 나오고 꽃을 든 석가모니불은 보관을 쓴 모습으로 변화하는데, 이는 노사나불 도상에서 영향받았을 것이다. 영취산 모임에서 단독 입상으로 바뀌는 것이 조선 후기 괘불탱의 큰 변화다. 이는 대웅전에 후불탱으로 영산탱이 들어가면서 중복을 피하는 방편이 아니었을까 추측된다.

한편 영산탱이 압축 요약되면서 의식집 내용에 영향을 받는 경우가 생긴다. 그 의식집은 조선 후기 불교 의식집을 종합한『오종범음집五種梵音集』(1661년)이다. 여기에는 석가모니불, 다보불, 아미타불, 문수보살, 보현보살, 관세음보살, 대세지보살 등 불보살 일곱이 등장한다. 이『오종범음집』구성을 이용한 괘불탱은 모두 의겸 스님이 그린 작품이다. 그런데 이런 조선 후기 괘불탱에서 예외 작품이 하나 있다.

그 작품은 영천 팔공산 은해사 괘불탱(1750년)이다. 11m 높이, 비단 바탕에 붉은 가사와 푸른 치마를 입은 부처가 왼손은 가슴 높이로 올리고 오른팔은 아래로 뻗어 손가락을 모두 펴고 손등이 바깥으로 보이게 했다. 항마촉지인이다. 그리하여 은해사 괘불탱은 석가모니 괘불탱인 듯하지만 일이 그렇게 간단하지 않다. 양쪽에 모란꽃과 연꽃이 흩날리는 모습은 석가모니불 영취산 모임과 아미타불 극락정토 모임

부처님 두광 좌우에 있는 6마리 극락조와 머리 위의 닫집, 그리고 발 아래 펼쳐진 연꽃 핀 연못은 이곳이 극락 세계임을 말해 준다. 은해사 괘불탱(부분).

모두로 추측해 볼 수 있다. 그런데 부처님 발 아래에 연꽃이 만개한 연못이 펼쳐지는 장면은 이곳이 극락 연못임을 이야기한다. 두광 좌우에는 공작과 봉황을 섞어 놓은 듯한 새 6마리가 날고 있는데 아마도 저 새들은 극락에 산다는 극락조일 것이다. 마지막 극락의 증거가 부처 머리 위에 떠 있는 닫집이다. 이는 이곳이 극락의 아미타불이 계신 궁전이란 것을 이야기한다.

그렇다면 은해사 괘불탱은 어떻게 항마촉지인을 한 석가모니불을 극락의 아미타불로 변환시킬 수 있었을까. 이는 같은 해 그린 은해사 대웅전 후불탱(원래는 극락전에 봉안되었는데 지금은 대웅전에 걸려 있다)과 백흥암 극락전 후불탱 도상에 답이 있다. 이 두 탱화는 크기와 도상이 모두 같다. 그리고 두 탱화 속의 보살은 관세음보살과 대세지보살이다. 그래서 가운데 부처는 아미타불이 된다. 그런데 이 아미타불 손짓이 은해사 괘불탱 부처와 같이 항마촉지인이다. 즉 항마촉지인을 한 아미타불이다.

그렇다면 은해사 대웅전 후불탱에서 항마촉지인을 한 아미타불 도상은 어디에서 온 것일까. 이에 대한 실마리는 『아미타경』 변상도에 있다. 여기에 은해사 후불탱 도상과 같은 변상도가 있다. 그러니까 은해사 후불탱 도상은 『아미타경』 변상도를 가져온 것이다. 그런데 문제는 아미타불 오른손이 변상도에서는 엄지와 중지를 닿을 듯 구부리고 손바닥을 위로 하여 내민 모습이었는데, 이것이 은해사 후불탱에 들어가면서 손가락을 펴고 손바닥을 아래로 하는 것으로 바뀌었다. 그러니까 『아미타경』 변상도에서는 제대로 된 아미타불 손짓이 은해사 후불탱에 들어가면서 항마촉지인으로 바뀐 것이다. 아마도 은해사 후불탱을 그린 스님들이 익숙하지 않았던 도상보다 익숙한 도상을 채택한 것이 아닌가 싶다.

아미타불이 오른 손바닥을 앞으로 내민 도상은 고려 불화 아미타내영도에서 봤던 것이다. 하지만 조선 시대에는 더 이상 아미타내영도를 그리지 않았고 아미타삼존이 왕생자를 맞이하는 모습을 담은 감로탱에서도 아미타불은 설법 손짓을 하고 있었다. 그렇기 때문에 은해사 후불탱과 괘불탱에서 아미타불은 좀 더 익숙한 항마촉지인을 하게 된 것이다. 조선 시대 괘불탱 가운데 주존이 아미타불인 유일한 작품인데 이는 은해사가 아미타불 도량(사찰)이기 때문에 가능했다.

조선 시대 괘불은 크게 두 바탕에서 출발했다. 첫 번째가 석가모니불이 항마촉지인을 한 영산회상이고 두 번째가 보살형 석가모니불이 꽃을 든 영산회상이다. 지역 특색으로 이어져 온 것도 영향을 끼쳤다. 꽃을 든 구성의 특징은 석가모니불이 홀로 나오거나 무리들과 같이 나오거나 양쪽 모두 입상으로 규모가 거대한 점이다.

두 번째 경우의 괘불탱인 공주 태화산 마곡사 괘불탱(1687년)을 살펴보자. 석가모니불은 두 손으로 연꽃 한 송이를 들었다. 보살 옷인 천의와 치마를 입었는데 영락(구슬) 장식은 보살처럼 꾸몄고 보배로운 머리카락은 어깨를 타고 팔뚝 옆으로 흘러내렸고 보관에는 일곱 부처가 지혜주먹 손짓을 하고 앉았다. 두광 안 왼쪽에 '천백억화신석가모니불 千百億化身釋迦牟尼佛'이라고 써 있고 두광 좌우에 청정법신 비로자나불과 원만보신 노사나불이 작게 자리했다.

석가모니불 좌우에는 영취산 모임 장면이 고스란히 들어 있다. 아래에서부터 사천왕, 6대 보살, 범천, 제석천, 10대 제자, 팔부중이 그러하다. 문제는 두광에 써 있는 이름이다. 분신불에는 스스로 깨달아 부처가 된 '벽지불辟支佛'이란 글자가 쓰여 있고 동남서북 천왕을 북동남서 천왕이라고 표기하여 사실과 어긋났다. 그런데 특이한 것은 좌보처 보살이 미륵보살이고 우보처 보살이 제화갈라보살이다. 원래 영취산 모임에서 좌보처 보살은 위에 있는 '대지大智 문수사리보살'이고 우보처 보살은 '대행大行 보현보살'이기 때문이다. 문수보살이 여의를 들고 보

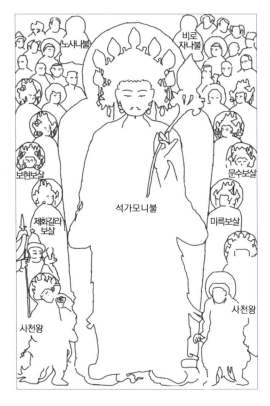

현보살이 연꽃을 든 것으로 보아 도상은 틀리지 않았다.

그렇다면 여기서는 왜 좌우보처 보살이 미륵보살과 제화갈라보살일까. 이는 삼세불 개념이 영향을 주었다. 삼세불이란 과거세, 현세, 미래세 부처를 의미하고 과거불이 연등불, 현세불이 석가모니불, 미래불이 미륵불이다. 각 부처는 수기授記(부처가 다음 부처는 누가 될 것이라고 지목하는 것)에 의해 다음 부처로 정해진다. 즉 연등불이 석가모니불에게, 석가모니불이 미륵불에게 수기를 주게 된다. 그런데 연등불과 미륵불은 부처이기 때문에 석가모니불 보처로 삼을 수 없다. 그래서 연등燃燈의 산스크리트어 dipamkara를 '제화갈라'로 음역하여 제화갈라보살을 만든 것이고 미륵불 역시 미륵보살로 한 것이다.

미래불인 미륵보살을 높은 자리인 좌보처로 하고 과거불인 제화갈라보살을 낮은 자리인 우보처로 한 것은 다음에 올 미륵보살을 이미 지나간 제화갈라보살보다 더 높게 본 것이다. 이렇게 석가모니불 좌우보처 보살을 미륵보살과 제화갈라보살로 하는 경우는 영산전이나 나한전에서 볼 수 있는데 이는 부처님 법은 끊기지 않고 계속 이어진다는 가르침을 보여 주기에 적합했기 때문이다.

미륵보살과 제화갈라보살은 모두 물건 없이 합장을 했는데 이는 미

마곡사 괘불탱(왼쪽)과 배치도.

석가모니불 보관에는 일곱 부처가 자리해 있고 왼쪽으로 '천백억화신석가모니불'이라는 글자가 쓰여 있다. 마곡사 괘불탱(부분).

륵보살과 제화갈라보살의 성격에 맞는 손짓이 아닌가 한다. 수기가 강조된 탱화임을 떠올린다면 석가모니불 보관에 있는 일곱 부처는 과거 7불일 것이다. 관세음보살 보관에 아미타불이 있고 대세지보살 보관에 정병이 있어 도상에서 틀리지 않았다.

이렇게 꽃을 든 석가모니불 입상 괘불탱은 후에 석가모니불이 홀로 나와 단순화된다. 꽃을 든 괘불탱인 보은 속리산 법주사 괘불탱(1766년)을 살펴보자. 석가모니불이 항마촉지인을 하지 않고 꽃을 든 것은 부처님 마음을 제자 가섭존자가 이어받은 사건을 이야기한다. 영취산 설법 때 석가모니불이 말없이 연꽃을 들었을 때 그 이유를 다들 몰랐

법주사 괘불탱.

지만 가섭존자만이 알고 웃은 사건은 가섭에게 석가모니불 마음이 이어졌다는 선종불교의 가르침을 이야기한다. 그래서 꽃을 든 모습으로 괘불탱을 꾸밀 때 문수와 보현보살에다가 가섭과 아난을 같이 넣는 경우가 있다.

영산탱에서 석가모니불이 꽃을 든 경우에는 살상투와 소라 머리털을 갖춘 부처 모습, 또는 보관을 쓰고 목걸이와 팔찌를 한 보살 모습, 이렇게 두 가지로 한다. 그런데 단독으로 나올 때는 두 번째 경우인 보살 모습이 대부분이다. 단독으로 나올 때 화려한 보살 모습으로 하는 것은 야외에 거는 괘불탱의 목적 때문이 아닌가 한다. 단독으로 나오고 항마촉지인을 하지 않고 꽃을 들었으니 화려하게 꾸미는 데 부담이 없었을 것이다. 부처가 이렇게 화려한 보살 모습을 할 수 있는 것은 삼신불탱에서 노사나불이 이런 모습으로 나온 적이 있기 때문이다. 노사나불은 가사를 입었고 앞서 본 마곡사 괘불탱 부처는 천의를 입은 것에서 차이가 나기는 한다. 그런데 법주사 괘불탱 부처는 다시 가사를 입고 있다. 그렇다면 꽃을 든 부처의 의복은 보살처럼 천의를 입은 경우와 원래 부처 옷인 가사를 입은 경우, 2가지로 나눌 수 있다.

법주사 괘불탱 부처는 백련 한 송이를 들었다. 광배 바깥과 허공에는 오색 구름이 가득하고 신광에도 구름이 드리웠다. 붉은 연꽃과 붉은 모란과 하얀 모란이 석가모니 몸을 둘렀고 다리 옆에는 보관에서 내려온 영락 장식이 늘어져 있어 매우 화려하다. 높이도 14m 가까이 되어 조선 시대 괘불탱 가운데는 가장 큰 작품이다. 법주사 괘불탱은 조선 괘불탱이 도달한 마지막 모습을 하고 있다.

관세음보살벽화: 대웅전 후불 벽 뒤쪽에 그린 그림
절에서 가장 많은 탱화가 걸리는 대웅전 그림이 이것으로 끝이 아니다. 대웅전에서 놓치기 쉬운 마지막 그림은 관세음보살벽화觀世音菩薩壁畫다.

고려 시대 수월관음도와 비슷한 여수 흥국사 대웅전 관세음보살벽화.

그렇다면 왜 대웅전에 관세음보살(관음)일까. 이것은 고려 시대에 가장 많이 제작된 탱화 가운데 하나가 수월관음도水月觀音圖(달이 비친 물가에 앉아 있는 관세음보살을 그린 그림)라는 사실이 실마리를 준다. 대웅전에 불단이 있고 불단 뒤 기둥과 기둥 사이에 벽을 만들고 벽에 탱화를 건다. 그래서 벽은 뒷면을 가진다. 그러니까 불단 뒤로 돌아가면 대웅전 내부를 한 바퀴 돌게 된다. 대웅전은 머리끝부터 발끝까지 온갖 채색으로 꾸민 화려한 세계여서 벽 뒤도 비어 있으면 안 된다고 옛 사람들은 생각했다. 벽 뒷면에 벽화로 선택받은 것이 고려까지 올라가는 수월관음도. 정확히 말하면 『화엄경』 「관세음보살보문품」에서 관세음보살과 선재동자가 만나는 장면 그림이다. 대웅전 불단 벽 뒷면에 그린 수월관음도는 조선 시대 벽화 그림의 결정체다. 물론 모든 대웅전 불단 벽 뒷면에 관세음보살벽화가 있는 것은 아니다.

　관세음보살벽화를 보러 갈 곳은 여수 영취산 흥국사 대웅전이다. 대웅전 후불탱은 1693년에 걸렸는데 후불탱 속 보살 얼굴이 관세음보살벽화 속 보살 얼굴과 묘사 방법이 같다. 그리하여 관세음보살벽화도 후불탱이 걸리는 1693년 작품일 듯하다. 관세음보살벽화는 세로 길이 400cm로, 460cm인 후불탱에 비해 60cm 정도가 작다. 아마 후불탱보다 관세음보살벽화를 크게 할 수는 없었을 것이다. 벽화는 흙벽에 종이를 붙이고 채색을 했다. 흥국사 관세음보살벽화는 구성만 보면 고려 시대 수월관음도와 가장 비슷하다. 관세음보살이 측면을 향해 반만 가부좌를 틀고 밑에 있는 선재동자를 내려다보는 모습에서 그렇다. 수월관음도의 생명은 관세음보살과 선재동자가 눈을 맞추는 데 있다고 생각한다.

　관세음보살은 흰색 가사를 머리에 뒤집어쓰고 치마도 붉은 장식이 있는 흰색으로 입었다. 보관에는 아미타불이 가부좌를 틀었고 목걸이, 귀걸이, 팔찌를 차서 꾸몄지만 이외에 장식은 절제했고 대신 목걸이에

서 양쪽으로 두 줄의 붉은 끈이
내려왔다. 오른팔은 오른쪽 무
릎에 놓았고 왼손은 오른쪽 발
목에 놓았으며 아래에 내린 왼
쪽 발은 연꽃 송이 위에 놓았
다. 이는 고려 수월관음도와 같
은 자세인데 다른 점은 고려 수
월관음도 속 보살은 보타락가산
바위 위에 앉은 반면 이번에는
커다란 연꽃 위에 앉은 것이다.

관세음보살이 앉은 연꽃이나
왼발을 놓은 연꽃이나 모두 아
래 바다에서 올라온 연꽃 가지
에서 피어났다. 이 점이 고려 수
월관음도 도상과 차이 나는 점
이다. 복잡한 바위 대신 연꽃 한
송이로 좌대를 바꿔 놓은 것은
새로운 시도다. 앉은 연꽃은 청
련이고 발을 놓은 것은 홍련이
어서 다채로운데 연꽃 사용은
이뿐만이 아니다. 이전 암반 위
에 올려놓은 정병 또한 홍련 위

선재동자와 정병이 각각 붉은 연꽃 위에 올
라가 있다. 선재동자는 관세음보살을 향해
두 팔을 뻗고 있는데 수월관음도의 핵심은
관세음보살과 선재동자 사이의 이러한 교
감이다. 흥국사 대웅전 관세음보살벽화(부
분).

에 놓았다. 정병 모양은 고려 불화 속 그것과 달라졌고 이 모양이 조선 관세음보살 정병 모양으로 자리 잡는다.

선재동자 또한 홍련 위에 올라섰다. 이 홍련은 보살이 앉은 연꽃과 한 가지에서 나왔기 때문에 선재동자 자리가 다른 수월관음도에 비해 관세음보살 무릎 쪽으로 올라와서 관세음보살과 선재동자 사이가 훨씬 가까워졌다. 선재동자는 두 손을 맞잡고 관세음보살을 향해 두 팔을 쭉 뻗어서 구도자가 취하는 모습처럼 되었다. 발을 놓은 연꽃 아래에는 물결을 그려 넣어 남쪽 바다임을 표현했다. 이렇게 해서 고려 시대의 수월관음도가 조선 시대로 이어졌다.

흥국사 대웅전 관세음보살벽화는 조선 후기 대웅전 관세음보살벽화의 좋은 모범이 되었는데 이 구성이 변화 없이 이어지지는 않는다. 이후 관세음보살은 정면을 향하는 것으로 바뀌게 된다. 아마도 이는 절 관음전(혹은 원통전)에 걸린 관세음보살탱의 영향이 아닌가라는 생각이 든다. 좋은 예가 같은 절인 흥국사에 있는 원통전 관음탱(이 책 230쪽)이다. 대웅전 벽화가 완성되고 30년 후인 1723년에 의겸이 그린 관음탱 속 관세음보살은 정면을 향했다. 그렇다면 조선 시대 관세음보살 그림은 두 종류가 있는 셈이다. 하나는 대웅전 불단 벽 뒤에 그린 관세음보살벽화이고 다른 하나는 관음전(혹은 원통전)에 탱화로 건 관세음보살탱(관음탱)인 것이다. 흥국사의 경우처럼 대웅전 불단 벽 뒤에 관세음보살벽화도 봉안하고 원통전에 관세음보살탱도 건 것으로 보아 조선 시대에도 관세음보살신앙은 큰 신앙이었다.

이렇게 대웅전 불교미술을 살펴보았다. 조선 시대 절에서 대웅전은 중심 전각 역할을 맡았기 때문에 이곳을 꾸민 미술 역시 다양하다. 그래서 대웅전은 조선 불교미술의 보물창고가 된다.

팔상전, 부처님 일생을
8폭 그림으로 건 집

팔상전八相殿에서 팔상이란 '부처님 일생에서 일어난 8가지 사건'을 이야기한다. 그리고 이 이야기를 8폭에 담은 탱화를 팔상탱이라 한다. 그래서 팔상전에는 팔상탱이 걸린다. 팔상전 주존은 석가모니불이고 후불탱도 영산탱인데, 팔상탱은 좌우에 4폭씩 걸린다. 불교 공부에서 제일 처음 해야 되는 것은 불교를 창시한 석가모니불 일생을 공부하는 것이다. 하지만 여러 경전을 읽어도 석가모니불 80 평생을 제대로 알기 쉽지 않다. 이때 불교미술은 빛을 발한다. 그림으로 부처님 생애를 공부하면 글을 읽지 못하는 사람도 부처님 삶을 배울 수 있다. 따라서 팔상전은 예배 공간이기도 하지만 부처님 일생을 공부하는 공간이기도 하다. 팔상탱은 영산전에 걸리기도 한다.

조선 팔상탱을 완성시킨 순천 송광사 영산전 팔상탱을 만나 보자. 8폭에 8개 사건만 담지는 않는다. 중심 사건 앞뒤로 일어난 사건도 한 폭에 같이 담는데 이때 공간 구획은 나무나 지붕 등을 이용하여 자연스럽게 한다. 그럼에도 한 폭에 여러 사건들이 같이 있어 내용을 순서대로 이해하기가 쉽지 않다. 따라서 한 폭에서도 시간순으로 사건을

여수 흥국사 팔상전. 부처님 일생을 그린 8폭 그림을 걸고 있는 집이다.

떼어내 따로 보는 것이 필요하다.

첫 번째 폭 이름은 '도솔천에서 내려오시다(도솔내의兜率來儀)'이다.

카필라국 왕비인 마야 부인이 궁에서 궁녀들과 함께 낮잠을 자고 있는데 꿈에서 흰 코끼리를 탄 보살이 신하들과 궁녀들을 거느리고 구름을 타고 도솔천에서 내려와 마야 부인 배 속으로 들어온다. 이것이 마야 부인 태몽이다. 꿈에서 깬 마야 부인은 꿈 내용을 남편인 정반왕에게 전하고 꿈 내용을 풀이한 바라문이 왕과 왕비에게 아들을 낳을 꿈이라고 하자 왕과 왕비는 얼굴 가득 웃음을 띤다.

부처님 일생을 그린 송광사 영산전 팔상탱 중에서 첫 번째 폭인 '도솔천에서 내려오시다'.

바라문이 태몽을 풀이해 주는 걸 듣고 있는 왕과 왕비. 송광사 영산전 팔상탱(부분).

　　두 번째 폭은 '룸비니 동산에서 태어나다(비람강생毘藍降生)'이다.

　　산달이 가까워진 마야 부인은 친정에서 아이를 낳기 위해 행차하다가 룸비니 동산에서 쉬어 가는데 산기를 느낀 나머지 사방에 붉은 장막을 치고 서서 아기를 낳는다. 아기가 마야 부인 옆구리에서 걸어 나오고 이를 궁녀가 포대기로 받는다. 이때 마야 부인이 잡은 나무 이름이 이후 무우수無憂樹라 불리는데 근심 없이 순산했다는 뜻이다. 태자

위부터 낮잠을 즐기는 왕비 마야 부인, 흰 코끼리를 탄 보살이 도솔천에서 내려오는 꿈 장면.
송광사 영산전 팔상탱(부분).

송광사 영산전 팔상탱 두 번째 폭인 '룸비니 동산에서 태어나다'.

는 태어나자마자 동서남북 사방으로 걷고 나서 왼손으로 하늘을 가리키고 오른손으로 땅을 가리키면서 탄생 게송을 외치는데 마지막 구절이 그 유명한 "천상천하 유아독존天上天下 唯我獨尊(하늘 위와 하늘 아래에서 내가 가장 존귀하다)"이다. 이를 사천왕이 무릎을 꿇고 합장을 하며 듣고 있다. 태자가 탄생게를 마치자 하늘에서 9마리 용이 나타나 입에서 물을 토하여 태자를 목욕시켜 준다. 여기에서 '구룡'이라는 단어가 생긴다. 목욕을 마친 태자는 옷을 잘 갖춰 입고 또래가 든 가마를 타고 또래가 연주하는 음악을 들으며 아버지가 계신 궁으로 돌아온다.

아버지 정반왕과 처음 대면하는데 왕이 태자를 잘 볼 수 있도록 신하가 쟁반 위에 태자를 올려놓고 머리 위에 이고 있다. 태자가 훗날 어떤 인물이 될지 궁금한 왕은 선인仙人을 불러 태자 관상을 보게 하고 태자를 본 선인은 다음과 같이 이야기한다. "태자는 32가지 모양과 80가지 종류의 신체 특징을 가지고 태어나셨습니다. 만약 아버지 뒤를 잇는다면 전 인도를 통일할 왕이 될 것이고, 만약 출가한다면 모든 인류를 구제할 부처가 될 것입니다." 이때부터 정반왕은 아들이 출가하는 것을 막기 위해서 왕이 할 수 있는 모든 일을 다 한다. 그리고 싯다르타라는 이름을 지어 준다. 이는 '모든 일이 뜻대로 이루어진다'라는 뜻으로 싯다르타가 왕의 아들임을 말해 주는 이름이다.

세 번째 폭이 '네 문을 나가 보다(사문유관四門遊觀)'이다.

잘생긴 청년으로 자란 싯다르타 태자는 어느 날 백성들이 사는 모습을 보기 위하여 2마리 말이 끄는 수레를 타고 동쪽 성문을 나선다. 물론 아버지 정반왕은 아들이 보면 안 되는 것들을 미리 정리했지만 뜻하지 않게 태자의 수레 앞에 허리가 굽고 머리털이 세고 피부가 거친 노인이 나타난다. 태자는 태어나서 처음으로 노인을 만나 충격을 받고 이런 의문을 갖는다. "나는 허리가 꼿꼿하고 머리결은 윤기가 흐

위부터 출산하는 마야 부인, 태어나자마자 동서남북 사방으로 걷고 나서
"천상천하 유아독존"이라고 외치는 태자. 송광사 영산전 팔상탱(부분).

太子誕生
將浴之
諸冷溫
然洶出
讚天人
天下未覺
云龍比
自水羅示如

阿弘陁仙人芋

위부터 태자를 목욕시키기 위해 나타난 9마리 용, 태자의 관상을 보는 선인. 송광사 영산전 팔상탱(부분).

송광사 영산전 팔상탱 세 번째 폭인 '네 문을 나가 보다'.

위부터 태자가 수레를 타고 동쪽 성문을 나가서 노인을 만나는 장면, 남쪽 성문을 나가서 병자를 만나는 장면.
송광사 영산전 팔상탱(부분).

위부터 서쪽 성문을 나가서 주검을 본 장면, 북쪽 성문을 나가서 수행자를 만나는 장면.
송광사 영산전 팔상탱(부분).

르고 피부는 탱탱한데 저 노인은 왜 저렇단 말인가. 아! 사람은 왜 늙는 것일까?" 태자는 궁으로 돌아와 스승에게 사람이 늙는 이유를 물어보았지만 속 시원한 해답을 얻지 못하고 고민은 깊어져만 갔다.

그러던 어느 날 이번에는 남쪽 성문을 나가게 되었다. 이번에는 병들어 자리에 누워 있는 병자를 보게 되었다. "아! 나는 이렇게 건강한데 저 사람은 왜 저렇게 병들어 아파하는가?" 남쪽 성문을 나갔다 온 이후로 싯다르타 태자의 근심은 더욱 깊어져만 갔다.

어느 날 다시 서쪽 성문을 나가게 되었다. 이번에는 흰 천에 싸인 주검이 사람들에 의해 화장터로 옮겨지는 모습을 보게 되었다. "사람은 왜 죽는가?" 3번의 성문 밖 나들이는 태자로 하여금 생로병사의 원인에 대한 해답을 얻고야 말겠다는 결심을 굳히게 했다.

그러던 어느 날 마지막으로 북쪽 성문을 나간 태자는 출가한 수행자를 만나게 된다. 태자는 수레에서 내려 자신도 모르게 저절로 합장을 하는데 수행자에게서 뿜어져 나오는 맑고 환한 기운은 지금까지 만나지 못했던 것이었다. "나도 이 수행자처럼 되고 싶다. 출가하여 수행자의 길을 걸으리라." 그런데 수행자 머리 위로 구름 한 줄기가 이어지고 수행자는 구름을 타고 떠나간다. 이 수행자는 실은 하늘에 사는 천신으로 싯다르타 태자를 출가시키기 위해 수행자 몸으로 땅에 내려왔다가 구름 타고 다시 하늘로 올라가는 것이었다. 천신들도 싯다르타 태자가 출가하여 부처가 되어 천신과 사람의 스승이 되기를 원했던 것이다.

네 번째 폭은 '성을 넘어 집을 나서다(유성출가逾城出家)'이다.

궁 안 방의 오른쪽 의자는 비어 있고 왼쪽 의자에는 아름다운 여인이 잠들어 있다. 이 여인이 태자 부인인 야쇼다라다. 앞에는 궁녀들이 지난밤 잔치 때 연주하던 악기를 품에 안고 잠들어 있다. 방금 전까지 싯다르타 태자도 저 오른쪽 의자에 앉아 잠들어 있었는데 목이 말라

송광사 영산전 팔상탱 네 번째 폭인 '성을 넘어 집을 나서다'.

위부터 태자가 출가를 결행하여 비어 있는 의자, 사천왕의 도움을 받아 성을 넘는 태자.
송광사 영산전 팔상탱(부분).

위부터 태자와 헤어지는 마부, 마부에게 태자의 출가 소식을 전해 듣고 슬퍼하는 왕과 태자비와 이모.
송광사 영산전 팔상탱(부분).

문득 잠에서 깼다. 지난밤 아리따운 궁녀들이 모두 추하게 잠에 곯아 떨어져 있는 걸 목격하고서 환락의 무상함을 깊이 깨닫고 바로 그 자리에서 출가를 결행한 것이다.

태자는 애마 칸타카를 타고 떠나는데 말발굽 소리에 사람들이 깨지 않도록 사천왕이 말발굽을 하나씩 들고 성을 넘게 도와준다. 그리고 천신이 신통력을 써서 성문지기들을 잠에 빠지게 하여 태자가 성문 넘는 것을 못 보게 한다. 무사히 성문을 넘은 태자는 몇 날 며칠을 달려 깊은 숲속에 도착한다. 어릴 때부터 자신의 말을 끌었던 마부 찬나에게 몸에 걸친 보석을 건네주며 궁으로 돌아가 아버지에게 자신의 출가 소식을 전하게 한다. 마부 찬나는 손으로 눈물을 훔치며 말하길 "왕자님, 평생 안락한 궁에서만 지내시다가 맹수와 해충이 우글거리는 이 숲속에서 어찌 지내시렵니까"라며 지금이라도 늦지 않았으니 다시 궁으로 돌아가자고 태자를 설득한다. 하지만 태자의 결심은 이미 굳은 상태였다.

이에 마부 찬나는 궁으로 돌아와 정반왕에게 태자의 출가 소식을 알리는데 옆에서는 부인 야쇼다라와 이모가 눈물을 훔치고 있다. 마야부인은 태자를 낳은 지 7일 만에 숨을 거둬 태자는 이모 손에서 자라났다. 아들의 출가 소식을 들은 정반왕은 아들이 태어났을 때 선인이 했던 예언대로 된 것을 알고 아들의 출가를 인정한다. 태자가 출가했을 때 나이는 29세였고 태자가 결혼한 나이는 16세였으니 결혼 생활은 13년이었고 이를 '13년 환락'이라고 부른다.

다섯 번째 폭의 이름은 '설산에서 도를 닦다(설산수도雪山修道)'이다.

이 화폭에서 시간상 가장 빠른 것은 숲에서 사냥꾼과 옷을 바꿔 입은 태자가 칼로 머리카락을 스스로 자르는 장면이다. 이를 '금도낙발金刀落髮'이라 부르는데 태자가 출가 후 첫 번째로 맞는 중요 사건이다. 불교에서 삭발을 하는 것은 높은 터번으로 상징되는 신분을 포기한다는

송광사 영산전 팔상탱 다섯 번째 폭인 '설산에서 도를 닦다'.

표시다. 불교의 2대 강령 가운데 하나인 평등平等이 삭발 행위에 담겨 있다. 강력한 카스트 제도 아래에서 머리를 깎으면 누구나 평등해진다는 생각은 불교가 세계 보편 종교가 되는 데 가장 뛰어난 점이었다. 여기서 특이한 점 하나는 태자가 삭발하는 장면을 마부 찬나와 애마 칸타카가 지켜보는 것이다. 그러니까 태자의 삭발까지 보고 마부와 애마는 궁으로 돌아오는데 이를 앞 화폭에서 그리지 않고 다음 화폭인 설산수도로 넘긴 것은 태자 수행에서 첫 사건이 삭발이었기 때문이다.

한편 궁에 있는 아버지는 태자가 수행하는 데 어려움이 없게 태자를 도울 귀족 자제 다섯을 보내고 이들은 숲에서 홀로 수행하고 있던 태자를 찾아간다. 또한 아버지는 수행하는 데 필요한 재물을 수레에 쌓아 보내지만 태자는 검소한 수행을 위해 수레를 돌려보낸다. 이 장면에서 불교 2대 강령의 다른 하나인 '금욕禁欲'을 읽을 수 있다. 태자의 수행은 출가 후 6년 동안 이루어지고 수행 대부분은 고행苦行이어서 이를 6년 고행이라 부른다. 고행이란 오랜 시간 눕지 않고 먹지 않고 씻지 않는 등 신체를 극한 상황까지 끌고 가서 거기에서 오는 정신의 희열을 얻는 방법이다. 태자는 6년 고행 끝에 고행이란 궁극의 깨달음을 얻는 올바른 방법이 아니라고 결론 내리고 고행을 중단한다.

이에 오랜 고행으로 굶주린 태자에게 여인들은 우유죽을 바치고 이를 지켜본 귀족 자제 다섯은 태자가 수행을 포기했다고 실망하여 태자 곁을 떠나게 된다. 우유죽을 먹은 태자는 기운을 회복하고 오랫동안 씻지 않은 몸을 강에 가서 깨끗하게 씻는다. 사람들은 좋은 옷과 음식을 준비하여 목욕을 끝낸 태자에게 공양드린다. 옷을 잘 차려입고 배를 채운 태자는 바야흐로 깨달음의 시간이 다가온 것을 알고 나무 아래에 바르게 앉아 깊은 선정禪定에 들어간다.

여섯 번째 폭은 '나무 아래서 마왕을 항복시키다(수하항마樹下降魔)'이다.

위부터 자기 머리카락을 스스로 자르는 태자, 아버지가 보낸 재물 수레를 돌려보내는 태자.
송광사 영산전 팔상탱(부분).

위부터 6년 고행을 중단하는 태자에게 우유죽을 바치는 여인들, 목욕을 끝내고 몸을 닦는 태자. 송광사 영산전 팔상탱(부분).

송광사 영산전 팔상탱 여섯 번째 폭인 '나무 아래서 마왕을 항복시키다'.

드디어 태자에게 성불成佛의 시간이 찾아오는데 뒤에는 눈 덮인 설산이 펼쳐지고 밤하늘에는 북두칠성이 반짝인다. 원래 태자가 깨달음을 얻은 곳은 중인도 열대 지방이지만 태자 수행을 더욱 극적으로 꾸미기 위해 멀리 있는 히말라야 설산으로 배경을 옮겨 놓은 것이고 붓다가 되는 시간은 환한 대낮보다는 하늘 별이 반짝이는 새벽대로 맞춘 것이다. 이때 태자가 깨달은 것은 사성제四聖諦, 팔정도八正道, 십이연기十二緣起로 불교의 근본 가르침이다. 태자가 앉은 나무가 보리수인데 보리란 깨달음이란 뜻으로 태자가 '깨달음을 얻은 나무'란 의미다. 이렇게 깨달음을 얻은 후의 태자는 '석가모니(석가족에서 나온 성인)'라 불린다.

태자가 부처가 되는 것을 방해하기 위해서 마왕이 마군들을 데리고 수레에 병장기를 가득 싣고 공격해 온다. 부처가 탄생하면 마왕의 세력이 줄어들기 때문이다. 석가모니불은 마왕과 마군들에게 "너희들이 힘이 세다면 어디 한번 여기에 있는 물병을 움직여 봐라"고 이야기한다. 마군들은 물병에다가 여러 개 줄을 매달아 일제히 힘껏 당기지만 조그마한 물병은 꿈쩍도 하지 않는다. 이에 마왕은 전술을 바꿀 수밖에 없었다. 힘으로 굴복시키지 못하니 다음 방법은 미인계였다. 마왕의 절세미인 세 딸은 석가모니불 앞에 나아가 자신들의 미모로 석가모니불을 유혹하지만 석가모니불은 신통력을 사용하여 세 딸을 추한 노파로 만들어 버린다. 이에 마군들은 석가모니불에게 항복한다. 이것을 '수하항마'라 한다.

이때 석가모니불은 보리수 아래서 마군들에게 항복을 받으면서 이를 증명하기 위해 오른손으로 땅을 가리키면서 지신地神을 불러내는데 이 손짓을 항마촉지인이라 한다. 참선 손짓(선정인)에서 왼손은 배꼽에 그대로 두고 오른손을 앞으로 뻗어 땅을 향하는 이 손짓은 석가모니불을 상징하는 손짓으로 이 땅에 뿌리내렸다. 앞에는 붉은 머리털을 한 마군들이 두 손을 모아 항복하며 석가모니불을 모실 것을 다짐하고 있다. 이때 석가모니불 머리에서 한 줄기 광선이 내비치고 여기에 석가모니불과 똑같은 모습을 한 일곱 부처가 나타난다. 대승불교가 성립하고 나서 석가모니불 이전에도 부처가 없을 수 없다는 생각으로 '과거불'이란 개념을 만들어 내는데, 석가모니불 이전에 여섯 부처가 있고 석가모니가 일곱 번째 부처여서 이를 '과거칠불'이라고 부른다. 석가모니불 이전의 여섯 부처는 석가모니불이 일곱 번째 부처인 것을 증명하기 위해 나타난 것인데 내비치는 광선에 여섯 부처만 표현되어야 올바르다. 하지만 송광사 팔상탱의 광선에는 일곱 부처가 그려져 있다.

　석가모니불은 깨달음이 주는 기쁨으로 21일 동안 보리수 나무 아래에서 움직이지 않는다. 이때 범천이 찾아와 석가모니불에게 설법을 청한다. 하지만 자신이 무수한 전생 동안 수행을 하여 이번 생애에 부처가 되었지만 중생들에게 이 깨달음을 말로 전할 수 있을까라며 생각하다가 다음과 같은 결론에 도달한다. 최상의 바탕을 타고난 사람은 부처 설법을 듣지 않아도 깨달을 수 있고 최하의 바탕을 타고난 사람은 아무리 부처가 설법해도 깨달을 수 없는데, 대다수 사람들은 부처 설법을 듣는다면 깨달을 수 있다. 그래서 석가모니불은 이들을 위해서 보리수 아래에서 일어나 첫걸음을 내딛는다. 그런데 그림에서 석가모니 옆에서 시중드는 인물들이 석가모니불 키 절반밖에 되지 않는다. 이는 중요한 인물은 더 크게 표현하는 동양 사고방식이 낳은 결과다.

　일곱 번째 화폭은 '녹야원에서 법을 전하다(녹원전법鹿苑轉法)'이다.

　석가모니불이 깨달은 후 처음 설한 경전은 『화엄경』이고 이 설법을 '화엄대법'이라고 부른다. 실은 『화엄경』은 대승 경전 최후의 경전이다. 부처님의 법을 상징하는 노사나불은 보관을 쓰고 온몸을 보배로 장식하고 양팔을 들어올려 설법 손짓을 하고 있다. 좌우에는 보살, 10대 제자, 팔부중 등이 자리했고 불단 아래에는 사천왕, 천, 사부대중 등이 설

위부터 깨달음을 얻고 부처가 된 태자, 석가모니불을 방해하기 위해 찾아와 물병과 씨름하는 마군들.
송광사 영산전 팔상탱(부분).

위부터 미인계를 쓰는 마왕 딸들의 유혹을 물리치는 석가모니불, 마왕이 석가모니불에게 항복하자 일곱 부처가 나타나는 장면. 오른쪽은 석가모니불이 보리수 아래서 첫걸음을 내딛는 장면으로 주변에서 시중드는 이들의 키가 석가모니불 절반 밖에 되지 않는다. 송광사 영산전 팔상탱(부분).

법을 듣고 있다.

　석가모니불이 첫 설법을 한 대상은 싯다르타 태자가 고행을 멈췄을 때 떠나갔던 다섯 귀족 자제였다. 이들은 사르나트 지역에 사슴이 있는 정원인 녹야원鹿野苑에서 자기들끼리 수행하고 있었다. 석가모니불은 이들에게 찾아가 자신이 깨달은 사성제, 팔정도, 십이연기를 설하고 이를 들은 다섯 귀족 자제들은 즉시 아라한과果를 얻어 아라한이 된다. 이들을 최초 5비구라고 하고 이후 5비구는 불교 교단을 세우는 데 큰 역할을 한다. 5비구는 모두 삭발하고 가사를 입었으며 머리에는 아라한과를 얻은 징표인 두광이 있다. 오른쪽 아래에는 2마리 사슴이 영지를 물고 있어 사슴 정원임을 알려 준다.

　이후 석가모니불은 여러 곳을 돌아다니며 법을 설했다. 이에 석가모니불을 믿고 따르는 이가 늘어났는데 이 가운데 하나가 어려운 이를 잘 돕는다 하여 '급고독給孤獨'이라는 별명을 가진 장자長者다. 상업으로 돈을 모아 당시 인도 최고 부자였던 급고독 장자는 석가모니불께 집을 보시하려고 땅을 물색하던 중 코살라국 태자였던 기타태자의 땅

송광사 영산전 팔상탱 일곱 번째 폭인 '녹야원에서 법을 전하다'.

노사나불이 『화엄경』을 설하는 장면. 좌우에 보살, 10대 제자, 팔부중이 자리했고 아래에는 사천왕, 천, 사부대중이 있다. 송광사 영산전 팔상탱(부분).

이 최상임을 발견하고 기타태자에게 땅을 팔 것을 요구한다. 하지만 기타태자는 천하 명당을 순순히 내놓지 않는다. 급고독 장자가 포기하지 않고 몇 날 며칠을 찾아와 부탁하니 기타태자는 불가능한 요구사항을 내놓는다. "만약 당신이 이 땅을 모두 황금덩어리로 채운다면 땅을 팔겠소." 이에 급고독 장자는 코끼리 수레에 황금덩어리를 싣고 와 땅에 깔기 시작한다. 놀란 기타태자는 급고독 장자에게 석가모니불 이야기

위부터 석가모니불 설법을 듣는 다섯 귀족 자제들, 인도 최고 부자인 급고독 장자가 천하 명당을 얻기 위해 황금덩어리를 운반하는 모습·송광사 영산전 팔상탱(부분).

위부터 석가모니불에게 자신이 가지고 놀던 흙을 보시하여 다음 생에 인도를 통일하는 왕으로 태어난 아소카왕, 금강석같이 단단한 계율을 상징하는 금강계단. 송광사 영산전 팔상탱(부분).

를 들고 땅을 기꺼이 집 짓는 데 보시하고 급고독 장자는 여기에 집을 짓는다. 그래서 이 집을 '기타태자의 나무와 급고독 장자의 정원'이라는 뜻의 기수급고독원祇樹給孤獨園이라 하고 '깨끗한 집'이라는 단어인 정사를 붙여 기원정사祇園精舍라 부른다.

석가모니불이 어느 때인가 아이들이 흙장난하는 곳을 지나가게 되었다. 그들 가운데 한 아이가 석가모니불을 알아보고 보시하기를 원했지만 아이가 보시할 만한 재물이 어디 있었겠는가. 하지만 이 아이는 기특하게도 자신이 가지고 놀던 흙을 두 손으로 떠서 석가모니불에게 드린다. 이에 석가모니불은 아이에게 다음과 같이 말한다. "너는 나에게 이 흙을 보시한 공덕으로 다음 생에 전 인도를 통일할 전륜성왕으로 태어날 것이다." 이 놀라운 이야기의 주인공이 인도를 최초로 통일하고 전 인도에 8만4천 탑을 세운 아소카왕이다. 그러니까 아소카왕 전생 이야기가 부처님 일생 속에 들어온 것이다.

석가모니불은 45년 설법으로 1,250명 제자를 키워 내고 이 제자들은 석가모니불 생전에 교단을 굳건히 하는데 그 과정에서 계율도 정해진다. 이에 '금강석처럼 단단하여 깨지지 않는 계율'을 상징하는 단을 만들고 금강계단이라 이름 붙였다. 그림에서는 얼음으로 만든 탑 같은 금강계단 좌우에서 시방불과 사부대중이 경배를 드리고 있다. 계율을 잘 지키겠다는 일종의 서약식인 셈이다. 이렇게 불교는 인도에서 고등 종교로 출발한다.

마지막 폭은 '쌍림에서 열반에 들다(쌍림열반雙林涅槃)'이다.

석가모니불은 80세에 쿠시나가라Kusinagara 네란자라Neranjara강에서 목욕하시고 열반에 드신다. 열반은 '니르바나nirvana'의 음역으로 '촛불이 꺼지다'라는 뜻이다. 사라쌍수(석가모니불이 열반에 들 때 동서에 각각 1그루씩 서 있던 사라수) 아래 침상에서 석가모니불은 오른쪽으로 돌아 누우셨다. 그림 아래에는 제자들이 눈물을 흘리며 슬퍼하고 위에

송광사 영산전 팔상탱 여덟 번째 폭인 '쌍림에서 열반에 들다'.

위부터 열반에 드신 석가모니불, 뒤늦게 와서 슬퍼하는 가섭. 송광사 영산전 팔상탱(부분).

위부터 아들의 열반을 하늘에서 내려다보며 슬퍼하는 마야 부인,
아무리 애를 써도 불이 붙지 않는 관. 송광사 영산전 팔상탱(부분).

위부터 스스로 불타는 관
에서 쏟아지는 석가모니
불 사리들, 석가모니불의
사리를 나눠 갖는 8개국
왕들. 송광사 영산전 팔상
탱(부분).

는 여러 보살들이 차분히 석가모니불의 열반을 지켜보고 있다. 석가모니불이 한 마지막 말은 "쉬지 말고 정진하라"였다고 한다.

석가모니불 시신은 관에 넣어져 다비(시체를 불에 태우는 것)를 앞두고 있다. 숲에서 수행하느라 석가모니불이 열반에 드는 것을 못 본 제자 가섭이 뒤늦게 달려와 관 옆으로 엎어지며 슬퍼한다. 이때 기적이 일어나니 관 바깥으로 석가모니불 두 발이 나온다. 이는 석가모니불이 제자 가섭에게 슬퍼하지 말라는 말 없는 가르침이었다. 이후 관에서는 석가모니불 분신이 나오고 다시 이를 과거칠불이 둘러싸고 있다. 분신으로 나타나신 것은 석가모니불 육신은 가지만 말씀은 영원할 것이다라는 가르침이다. 이를 하늘에서 구름을 탄 마야 부인이 내려다보며 눈물을 훔치고 있다.

이제 관에 불을 붙이려고 많은 사람들이 장작불을 들고 애를 쓰지만 관에 불이 붙지 않다가 관에서 스스로 불길이 올라온다. 관이 활활 타오르면서 무수한 검은 알갱이가 사방으로 쏟아지니 이것을 '사리舍利'라 부른다. 사리는 인도 말로 '유골'이란 의미로 불교에서는 화장한 후 몸에서 나오는 구슬을 뜻한다. 아래에서 사람들이 사리를 수습하느라 바쁘다. 이렇게 모인 사리가 8만4천 섬이었다. 인도 8개 나라에서 온 왕들이 서로 부처님 사리를 가지려고 싸움까지 벌어질 상황에서 8명 왕이 사리를 8등분하여 나눠 가지기로 합의한다. 각 왕들은 사리를 자신들 나라로 가져가 탑을 세우니 이를 근본대탑이라고 한다. 화장할 때 생긴 재와 사리를 담았던 그릇을 가지고 탑 2개를 더 세워 근본대탑은 총 10개가 된다. 부처님 열반 후 부처님신앙은 탑신앙에서 출발한다. 탑은 부처님 무덤이기 때문에 탑신앙은 무덤신앙이다.

지금까지 팔상탱을 통하여 부처님 생애를 살펴보았다. 조선 시대 팔상탱은 순천 송광사 팔상탱과 하동 쌍계사 팔상탱(1728년)에서 전형을 이루었고 양산 통도사 팔상탱(1775년)에서 절정을 맞이했다.

대광명전, 부처님 법이 몸을 갖춘 비로자나불이 사는 집

대광명전大光明殿의 주존이신 비로자나불은 어떤 부처님인가 알아보자. 비로자나불은 불경의 총 집대성인 『화엄경』에 등장하는 부처님이다. 비로자나란 '빛'이란 뜻이고 여기서 빛이란 부처님의 법을 뜻하는 은유법이다. 그래서 비로자나불은 부처님 법이 몸을 갖췄다 하여 '법신불法身佛'이라 부른다. 『화엄경』이 교종불교의 최후 경전이기 때문에 비로자나불상 또한 가장 늦게 나온 불상이 된다. 그렇다면 비로자나불 손짓은 기존의 부처 손짓과 달라야 하는데 여기서 탄생한 것이 왼손 엄지를 오른손으로 감싸서 가슴 위에 놓는 지혜주먹 손짓(지권인智拳印)이다. 이는 부처와 중생이 둘이 아니라는 의미를 띤다.

　비로자나불을 바탕으로 노사나불이 탄생한다. 비로자나와 노사나는 음역을 달리한 같은 말이다. 그렇게 하면서 노사나불은 과거 보살 시절에 쌓은 공덕에 대한 보답으로 부처가 되었다 하여 '보신불報身佛'이라 부른다. 마지막으로 교화 대상에 따라 사람 몸으로 태어나 부처가 되었다는 '화신불化身佛'이 있다. 화신불의 대표가 석가모니불이다.

　공덕을 쌓은 보답으로 부처가 된 노사나불은 보살 모습으로 표현되

통도사 대광명전. 부처님 법이 몸을 갖춘 비로자나불을 모시고 있다.

어 보관을 쓰고 구슬 장신구로 꾸미고 양팔을 양쪽으로 들어올린 설법 손짓을 취한다. 이 모습이 팔상탱에서 석가모니불이 깨달음을 이룬 후 화엄대법을 설하는 모습이었다. 화엄대법을 설하는 것은 석가모니불이니 결국 노사나불은 석가모니불이 되는 것이고 이는 법신, 보신, 화신이 모두 같은 부처라는 것을 의미한다. 우리나라 절에서 법·보·화 삼신불 3구를 모두 모신 대표 장소가 화엄사 대웅전이다. 화엄사가 화엄종 절이었기 때문에 화엄종 주불인 비로자나불을 주존으로 모신 것이다.

원래 비로자나불만 홀로 대광명전(대적광전大寂光殿, 비로전 등도 같은 의미다)에 모시다가 조선 후기 대웅전에 삼계불을 모시는 것에 영향을 받아 법·보·화 삼신불을 모시는 것으로 확대되었다. 삼계불이 대웅전, 약사전, 극락전을 종합했듯이 삼신불은 대웅전과 대광명전을 종합한 것이다. 그렇다면 화엄사는 대웅전 안에 대광명전을 더한 것으로 보는 것이 자연스럽다.

　화엄사 대웅전 삼신불상은 대웅전을 다시 지은 1635년에 나무로 만들었다. 가운데가 지혜주먹 손짓을 한 비로자나불로, 왼쪽 주먹을 오른손으로 감싸쥔 변형된 손짓을 했다. 오른쪽의 노사나불은 양팔을 양쪽으로 벌려 설법 손짓을 했고 머리에는 보관을 쓰고 관 아래로 어깨까지 검은 머리칼을 늘어뜨리고 있다. 이 불상은 노사나불을 그림이 아닌 조각으로 만든 드문 경우다. 왼쪽은 항마촉지인을 한 석가모니불이다.

　이렇게 삼신불상이 완성되고 122년이 지난 1757년에 조선 탱화의 거장인 의겸 스님이 그린 후불탱을 불상 뒤에 건다. 세로 437cm로 거대한 크기의 후불탱이다. 가운데의 비로자나불탱에는 불상과 같은 지혜주먹 손짓을 한 비로자나불이 연화좌대 위에 가부좌를 틀고 정면을 향해 있다. 비로자나불 앞과 좌우에 총 10구 보살이 비로자나불을 둘

화엄사 대웅전 삼신불.
왼쪽부터 항마촉지인을 한 석가모니불,
지혜주먹 손짓을 한 비로자나불,
설법 손짓을 한 노사나불.

러싸고 있는데 맨 뒤 보살만 합장을 하고 나머지는 모두 물건을 하나
씩 들었다. 두광과 신광 좌우에 높은 살상투를 가진 네 분신불이 합장
을 했다. 이들 양쪽으로 팔부중 가운데 사자 가죽과 코끼리 가죽을 머
리에 쓴 신들이 자리했고 허공에는 구름 탄 분신불이 양쪽에 셋씩 자
리했다. 비로자나불탱은 양쪽의 노사나불탱과 석가모니불탱과 성중을
나누어 맡았는데, 팔부중 2구가 여기에 해당한다. 즉 팔부중을 세 무
리로 나눠 세 탱화에 배당한 것이다.

　오른쪽의 노사나불탱을 보면 구슬 장식을 한 노사나불이 양손을
좌우로 올려 설법 손짓을 했다. 오른쪽에 보살 셋과 범천이 서고 왼쪽
에 보살 넷이 나와 좌우 대칭 구성이 되었다. 비로자나불 모임과 같이
분신불 넷이 있다. 맨 뒤 왼쪽에 팔부중 가운데 3구가 자리했고 오른
쪽에 8금강 가운데 4구가 있다. 맨 앞 왼쪽에 비파를 연주하는 동방

8금강 중 4
용왕천
가루라
아수라
8제자 중 4
8제자 중 4
제석천
아난
석가모니불
가섭
3보살
2보살
서방 광목천왕
북방 다문천왕

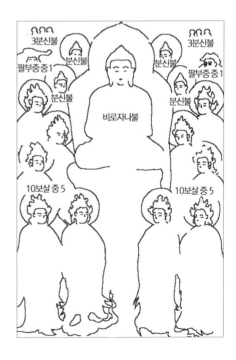

3분신불
3분신불
분신불
분신불
팔부중중1
팔부중중1
분신불
분신불
비로자나불
10보살 중 5
10보살 중 5

화엄사 대웅전 삼신불탱과 배치도.

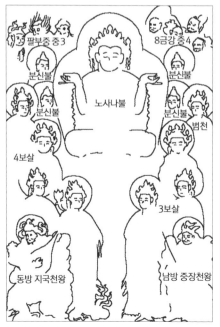

지국천왕을 세우고 오른쪽에 칼을 든 남방 증장천왕을 세웠다. 원래 위와 아래로 서던 동방과 남방 천왕이 따로 선 덕분에 공간이 여유 있어서 기존 사천왕 도상에서 변화가 생겼다. 조선 시대 사천왕상 도상에서 중요한 작품이다.

마지막이 왼쪽의 석가모니불탱이다. 다른 두 부처와 같이 오른쪽 어깨를 반만 덮어 가사를 입었다. 오른쪽에 보살 셋이 자리하고 왼쪽에 보살 둘과 제석천이 자리했다. 갈수록 보살 숫자가 줄어드는 것은 보살 외에 무리가 덧붙여졌기 때문이다. 가섭과 아난이 앞에 서고 뒤에 여덟 제자가 자리했다. 왼쪽의 서방 광목천왕은 오른손으로 용 모가지를 움켜쥐어야 하지만 허리를 짚고 왼손으로 여의주를 잡았다. 서방 광목천왕의 묘사에서 용을 생략한 드문 경우로 공간이 부족했기 때문일 것이다. 이는 북방 다문천왕 조각상에서 탑을 생략하고 왼손을 허리에 대는 것에서 생각을 빌려 왔을 것이다. 북방 다문천왕은 오른손으로 깃대를 잡고 왼손에 탑을 들었다. 맨 뒤 왼쪽에 8금강 가운데 네 금강이 자리했고 오른쪽에는 팔부중 가운데 천, 용왕, 신중 셋이 자리했는데 양손에 해와 달을 든 아수라와 새 머리를 한 가루라 등이 있다. 그렇다면 삼신불탱에 그려진 팔부중 숫자를 모두 더하면 열이 된다. 이렇게 공간이 여유 있을 때에는 숫자를 늘리기도 한 것이 조선 불화가 가지는 융통성이다.

조선 삼신불탱의 유행은 2년 후 통도사 대광명전으로 옮겨간다. 통도사 대광명전에는 비로자나불상(1759년)이 홀로 모셔져 있고 같은 해에 삼신불탱 3폭을 봉안했다. 통도사 탱화를 도맡았던 임한 스님이 그린 마지막 작품이다. 화엄사와 달라진 점은 노사나불과 석가모니불 탱화 폭이 비로자나불 탱화 폭의 반으로 줄어들어 구성에서 변화가 생긴 것이다. 그래서 10대 제자와 팔부중 대부분을 비로자나불 모임으로 옮겨 놓았다. 그런데 2년 만에 삼신불탱은 급격히 양식화되었다.

통도사 대광명전 비로자나불상.

비로자나불탱을 보면 부처는 지혜주먹 손짓을 짓고 가부좌를 틀었다. 통도사 비로자나불탱은 화엄사 비로자나불탱과 비교하면 폭이 넓어졌다. 그래서 비로자나불 좌우에 보살이 14구나 나왔다. 조선 탱화에서 가장 많은 수의 보살이 나온 경우다. 위에는 가섭과 아난을 비롯한 10대 제자가 자리했고 팔부중 가운데 천과 용왕을 포함한 일곱 신중과 8금강 가운데 셋이 좌우에 자리했다. 특이한 점은 금강 사이에 신중 하나가 끼어 들어간 점이다. 아마도 같은 생김새의 금강 넷이 같

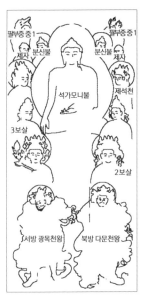

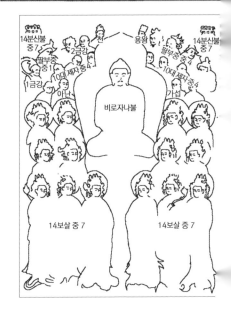

통도사 대광명전 삼신불탱과 배치도.

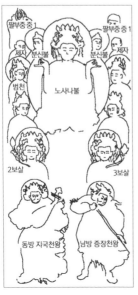

이 있으면 단조로울 듯하여 변화를 꾀한 것 같다. 허공에 구름 탄 분신불들도 보살 숫자와 같이 좌우에 7구씩 총 14불을 그렸다. 이렇게 통도사 대광명전 비로자나불탱은 질서정연하면서도 빽빽하게 구성되었다.

노사나불탱을 보면 설법 손짓을 하고 구슬 장신구와 보관을 한 노사나불과 더불어 다섯 보살이 자리했다. 화엄사 노사나불탱과 달리 범천이 왼쪽에 자리한 것은 화엄사 작품과 차별화하기 위한 방법이었을지 모른다. 분신불 둘, 제자 둘, 팔부중 둘을 넣었는데 비로자나불탱에서 이미 숫자를 채웠던 제자와 팔부중을 넣은 것은 좌우 대칭 구성으로 하기 위해서다. 맨 앞 동방 지국천왕과 남방 증장천왕 도상은 기존 전통 도상에서 벗어나지 않았다.

마지막 석가모니불탱에는 노사나불탱과 마찬가지로 보살 다섯과 제석천이 자리했고 나머지는 노사나불탱과 같다. 그래서 구성에서는 화엄사 대웅전 삼신불탱에 비해 단조로운데, 장식을 화려하게 한 것은 화엄사 탱화를 능가한다. 통도사 대광명전 탱화는 조선 시대 탱화가 도달한 정점 같은 작품이라고 해야겠다.

극락전,
극락의 주인 아미타불이 사는 집

극락전極樂殿은 아미타불을 주존으로 하는 집이다. 아미타불은 서방 극락정토의 주인이다. 극락정토는 지극한 즐거움이 있는 깨끗한 땅으로 더 이상 윤회하지 않으며 영원한 삶을 누리는 곳이다. 이곳에 가기 위해서는 "나무아미타불"이란 염불만 하면 된다. 아미타불이 바라는 힘으로 중생들은 다시 극락에서 태어날 수 있다. 이를 극락왕생이라 하니 정토신앙 가운데 으뜸이 아미타신앙이다. 죽은 후 극락에서 태어나길 원하며 오늘도 절을 찾아간 선남선녀들은 "나무아미타불"을 입으로 왼다. 극락전은 절 중심 건물일 수 있고 아닐 수도 있다. 극락전이 중심 건물인 경우 그 절은 누군가의 원찰願刹(죽은 사람의 명복을 비는 사찰)인 경우다. 누군가의 극락왕생을 위해 지어진 절이기 때문에 극락전이 중심 건물이 된다.

통도사 극락보전 불상을 보면 가운데 아미타불이 설법 손짓을 하고 가부좌를 틀었다. 아미타불 설법 손짓은 오른손을 가슴까지 올리고 왼손은 배꼽 부분에 내려 양손 모두 엄지와 중지를 닿을 듯하게 구부리는 것이 기본이다. 이 상태에서 오른손은 오른쪽 무릎으로 내리고

은해사 백흥암 극락전. 극락전이 중심인 절은 누군가의 극락왕생을 위해 지어진 경우다.

왼손은 왼쪽 무릎으로 내리면 통도사 극락보전 아미타불 손짓이 된
다. 이는 변형된 설법 손짓으로 보이는데, 나무로 깎을 때는 이렇게 하
는 것이 만들기 쉽기 때문에 조선 후기 목조아미타불상에 이런 손짓
이 많다. 상 높이 130cm로 상체와 하체 비례가 좋고 얼굴도 네모나면
서도 원만하며 머리에는 가운데와 정상 부근에 상투구슬이 있고 가사
는 오른쪽 어깨를 반만 덮었다. 나무로 깎은 좌대에는 난간을 두르고
여러 용 머리를 조각하여 붙였고 좌대 가운데에 모란꽃과 잎을 조각
하고 채색하여 극락 세계의 화려함을 드러냈다.

　아미타불 좌우보처 보살은 관세음보살과 대세지보살이다. 상 높이
는 110cm로 아미타불상보다 20cm 작다. 두 보살상은 양손이 반대인
것만 빼고는 모든 것이 같아서 대칭을 이루었다. 연꽃 가지를 잡은 손

통도사 극락보전 삼존불상. 아미타불을 중심에 두고 양쪽에 관세음보살(오른쪽), 대세지보살(왼쪽)이 모셔져 있다.

만이 달라 연꽃 가지만 대칭이 아니다. 만약 이것마저 같았다면 단조로웠겠지만 연꽃 가지 하나로 큰 변화를 만들었다. 이런 것이 통일 속에 변화일 것이다. 높고 화려한 관을 썼고 부처님처럼 가사를 입고 오른쪽 어깨 반만 덮었으며 가슴에 구슬 장식을 걸고 가부좌를 틀었다. 얼굴 표정도 아미타불 얼굴과 마찬가지로 원만하다. 좌대 높이는 94cm이고 아미타불상 좌대와 달리 용과 모란 조각이 없다.

　통도사 극락보전 후불탱(아미타여래설법도)은 1740년 작품이다. 그렇다면 조각들도 이때 것으로 추정해도 무리는 없을 것이다. 후불탱을 그린 우두머리 스님 임한은 6년 전 통도사 영산전 후불탱도 그려 냈다. 이중 광배와 연화좌를 갖춘 아미타불은 설법 손짓을 지었고 조각상처럼 가사 자락으로 오른쪽 어깨 반만 가렸고 정상과 중간에 상투

통도사 극락보전 후불탱인 아미타불탱(아미타여래설법도)과 배치도.

구슬을 달았다. 아미타불 좌우에는 8등신의 여덟 보살이 자리했다. 좌보처 관세음보살은 여의를 들었고 우보처 대세지보살은 연꽃을 들었는데 이 또한 조각상과 비슷하다. 나머지 여섯 보살 가운데 왼쪽 마지막 지장보살만 빼고 다섯 보살은 모두 생김새가 같다. 다섯 보살의 이름은 문수, 보현, 금강장, 제장애, 미륵이다. 문수와 보현은 연꽃을 들었고 금강장과 제장애는 합장을 했으며 미륵은 금강저를 들어 육환장을 든 지장보살과 대칭으로 삼았다. 이들 아미타불 모임에 나온 여덟 보살을 아미타 8대 보살이라고 부른다.

미륵보살과 지장보살 바깥에는 각각 범천과 제석천이 자리했다. 보살 윗줄에는 10대 제자들이 좌우로 섰는데 나이 든 가섭과 젊은 아난 옆에 두 분신불이 끼어 있어 제자는 총 여덟이다. 공간이 부족하니 제자 둘을 생략한 것이다. 이런 점이 조선 불화에서 만나는 변통變通이다. 10대 제자가 아미타불 모임에 있는 이유는 아라한들은 열반한 후 다시 윤회에 들지 않고 모두 극락에 왕생했기 때문일 것이다.

아래 바깥쪽에서는 동남서북 천왕이 모임을 지키고 위쪽 가운데에서는 광배를 사이에 두고 천과 용왕이 자리했다. 천은 범천, 제석천과 마찬가지로 여인 모습이고 용왕은 남성 왕 모습이다. 그런데 시간이 지나면서 저 둘의 자리가 바뀌게 된다. 팔부중에서 천, 용왕, 야차, 건달바, 아수라 등의 차례는 중요도 순이기 때문에 천과 용왕 자리는 바뀌어서는 안 된다. 하지만 남성 용왕을 앞에 두고 여성 천을 다음에 두는 변화가 생겨났다. 그 이유는 조선이 왕조 국가로 남성 왕을 지존으로 두는 생각이 무의식중에 작용한 결과가 아닌가 싶다. 사천왕과 팔부중은 석가모니불 모임뿐만 아니라 아미타불 모임도 지키는 신중이다.

조선 시대 아미타불탱 가운데 연대가 올라가는 작품은 나무로 깎은 목각탱이다. 다른 탱화의 경우 목각탱이 남아 있는 것이 없는데 아미타불탱은 몇몇 남아 있다. 목각아미타불탱은 경북 지역에서 유행했

대승사 대웅전 목각아미타불탱(목각아미타여래설법상)과 배치도.

다. 그 가운데 1675년 문경 대승사 대웅전 목각탱(목각아미타여래설법상)과 1684년 예천 용문사 대장전 목각탱(목각아미타여래설법상)은 조선 시대 후불탱의 기념비와 같은 작품이다. 대승사 작품은 원래 부석사 무량수전에 봉안되었던 것이다. 10년 차이가 나는 대승사 목각탱과 용문사 목각탱은 불보살과 제자들의 생김새가 비슷하여 같은 조각승의 솜씨일 듯한데, 대승사 목각탱의 구성을 압축 요약하면 용문사 목각탱의 구성이 된다. 아미타불탱으로서는 오래된 작품일뿐더러 17세기 말 경북 지역 불교미술의 독창성을 보여 주는 중요한 작품이다.

대승사 목각탱은 세로 347cm, 가로 280cm이고 주존 아미타불의 크기가 다른 성중과 거의 차이가 없다. 그리고 다른 성중은 모두 같은 크기여서 화면 전체가 질서정연하고 균형이 잘 잡혔다. 아미타불이 앉은 수미좌를 높게 올려 2단 성중과 나란히 했고 광배와 화염 장식을 붉고 푸르게 채색했다. 모든 성중이 네모난 얼굴에 둥그런 어깨여서 단정하고 아담한데 이는 조선 후기 불상의 특징이기도 하다. 몇몇 상 옆에는 붉은 바탕에 금니로 이름을 써 놓았는데 사천왕 이름에서 자리가 뒤바뀌었다. 다른 이름들은 다 올바른 것을 보면 조선 불교에서 사천왕상 이름이 가장 헷갈렸던 것으로 보인다.

아미타불 좌우에 관세음보살과 대세지보살이 가부좌를 틀었고 나머지 성중은 무릎을 꿇거나 서 있다. 관세음보살은 아미타불이 있는 보관을 쓰고 손에 나뭇가지를 들었고, 대세지보살도 손에 나뭇가지를

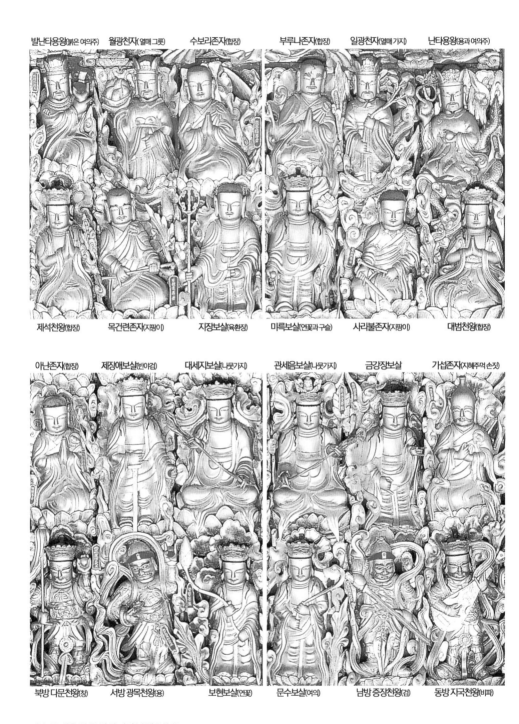

발난타용왕(붉은 여의주)　월광천자(열매 그릇)　수보리존자(합장)　　부루나존자(합장)　일광천자(열매 가지)　난타용왕(용과 여의주)

제석천왕(합장)　　목건련존자(지팡이)　지장보살(육환장)　　미륵보살(연꽃과 구슬)　사리불존자(지팡이)　대범천왕(합장)

아난존자(합장)　제장애보살(반야검)　대세지보살(나뭇가지)　관세음보살(나뭇가지)　금강장보살　가섭존자(지혜주먹 손짓)

북방 다문천왕(창)　서방 광목천왕(용)　보현보살(연꽃)　　문수보살(여의)　남방 증장천왕(검)　동방 지국천왕(비파)

대승사 대웅전 목각아미타불탱(부분).

들어 관세음보살과 짝을 맞췄다. 그 아래에는 여의를 든 문수보살과 연꽃을 든 보현보살이 서 있다. 관세음보살 옆에서는 금강장보살이 오른손을 내리고 왼손을 올렸는데, 원래 연꽃 가지나 여의 같은 물건을 들었을 텐데 현재는 없는 상태다. 목각탱에 등장하는 모든 보살이 물건을 쥐었기 때문에 분명 금강장보살도 물건을 가지고 있었을 것이다. 금강장보살 짝은 대세지보살 옆 제장애보살이다. 오른손으로 칼을 잡았는데 저 칼이 모든 장애를 끊는다는 지혜 검, 반야검이다. 제장애보살 왼손에는 붉은 구슬이 있다. 대승사 목각탱 장인들은 보살 양손이 비면 안 된다는 생각을 했던 것 같다. 관세음보살 위에 있는 미륵보살은 왼손엔 연꽃을, 오른손엔 구슬을 들었는데 이는 맞은편 지장보살이 왼손에 보주를 든 것과 짝을 맞춘 것이다. 지장보살이 오른손에 잡은 육환장은 탱화에 나오는 것과 생김새가 좀 다르다. 아미타불 목각탱에도 그림 탱화와 마찬가지로 아미타 8대 보살이 자리했다.

10대 제자는 여섯만 표현했다. 금강장보살 옆에 검은 수염이 있는 가섭존자가 지혜주먹 손짓을 지었고 삭발한 머리가 병 주둥이처럼 뾰족하게 올라온 모습은 탱화와 비슷하다. 맞은편 제장애보살 옆 아난존자는 무릎을 꿇고 합장을 했다. 나머지 네 제자들도 모두 양 무릎을 꿇었다. 가섭 위에 사리불존자와 아난 위에 목건련존자는 모두 짧은 지팡이 2개씩 쥐었다. 사리불존자 위는 부루나존자여서 오른쪽으로 홀수 제자가 오고 왼쪽으로 짝수 제자가 온 구성임을 알 수 있다. 조선 탱화에서 제자 이름을 적은 아주 드문 예다.

다음은 천신들이다. 사리불존자 옆에 대범천왕이 무릎을 꿇고 합장을 했고 목건련존자 옆에는 제석천왕이 같은 자세로 자리했다. 천왕 다음으로 일광천자와 월광천자가 각각 열매 달린 가지와 열매 담긴 그릇을 들고 있다. 팔부중에서 천 대표로 일광천자와 월광천자를 꼽은 것이다. 팔부중에서 천 다음이 용왕이다. 『법화경』에는 여덟 용왕 이름

용문사 대장전 목각아미타불탱(목각아미타여래설법상). 대승사 목각아미타불탱과 함께 조선 목각 후불탱의 대표작으로 손꼽힌다.

이 나오는데 첫 번째가 난타, 두 번째가 발난타용왕이다. 일광천자 옆에 용을 깔고 앉아 양손에 여의주를 든 왕 옆에는 난타용왕이라 써 있고, 월광천자 옆에 붉은 여의주를 든 왕 옆에는 발난타용왕이라 써 있다. 이렇게 해서 팔부중 구성은 용왕 무리에서 끝난다. 그 위에는 크기를 작게 하여 양쪽에 3구씩 여섯 분신불이 제각각 손짓을 한 채 가부좌를 틀었고 끝으로 비천이 비파를 연주하며 부처 공덕을 찬탄하고 있다.

대승사 목각탱 성중의 다부지고 영민한 얼굴은 순례객들에게 환희심을 일으키고, 조각 전체에서 빛을 발하는 금빛은 극락 세계의 아름다움을 느끼게 한다. 탱화에서 보는 것만큼의 정교하고 유려한 선이 나무 조각상에서도 고스란히 살아 있다. 숙종이 즉위한 다음 해에 만들어진 대승사 목각탱은 이후 전개될 조선 후기 나무 조각상의 고유색을 모두 가지고 있어 시대를 대표하는 작품이 되었다.

약사전, 병을 고쳐 주는 약사불이 사는 집

불교에는 석가모니불 말고도 많은 부처가 있다. 과거, 현재, 미래와 동방, 남방, 서방, 북방 등 시공간마다 중생을 구제할 부처가 안 계신 곳이 없다는 생각은 많은 부처를 낳게 했다. 특히나 중생들이 병들었을 때 병을 치료하는 부처는 중생들이 진정으로 원하는 부처일 것이다. 불교에서는 이를 약이 되는 스승, 약사불이라고 부르고 약사불이 주존으로 계신 집을 약사전藥師殿이라고 한다. 약사전은 절에서 중심 전각으로 놓이는 경우는 드물고 모든 절에 있지도 않고 극락전보다도 숫자가 적어서 약사불의 중요도는 아미타불보다는 떨어진다. 극락정토가 서방에 있다면 약사불이 머무는 유리광정토는 동방에 있어 동방 유리광정토라고 부른다. 약사신앙 또한 정토신앙이어서 아미타신앙과 이웃한다. 약사불은 과거세 약왕보살 시절에 중생의 질병과 고뇌를 없애겠다는 12가지 바람을 세우고 수행하여 부처가 되었다.

순천 송광사 약사전을 보면 앞면 1칸, 옆면 1칸으로 아주 작다. 약사전 안에는 약사불을 홀로 모시고 집 크기에 맞게 좌우 보살을 생략했다. 약사불은 나무로 만들었으며 연화좌와 수미좌를 합한 높이는

순천 송광사 약사전. 중생의 질병을 고쳐 주는 약사불이 산다.

31cm로 전체는 1m 정도 되어 건물 규모에 잘 어울린다. 제작 연대가 남아 있지 않지만 영산전 석가모니불상(1780년)의 얼굴과 같아서 두 불상은 같은 시기에 만들었을 것이다.

약사불 손짓은 아미타불 손짓처럼 설법 손짓인데 왼쪽 손바닥 위에 약 그릇을 올려놓는 것이 다르다. 부처는 보살과 달리 손에 물건을 들지 않지만 약사불만 예외다. 약 그릇을 올려놓아야 아미타불과 구분할 수 있기 때문이다. 그런데 송광사 약사전 약사불상 왼쪽 손바닥에 약 그릇이 보이지 않는다. 대신 중지와 약지를 구부려 엄지와 닿을 듯하게 했다. 이는 영산전 석가모니불상의 왼손 모습과 똑같다. 이 상태

순천 송광사 약사전 약사불상. 약사불은 대개 약 그릇을 들고 있는데 이 불상에는 없다. 책을 읽는 듯 눈동자를 아래로 향한 모습이 마치 조선 시대 선비를 닮았다.

에서 약 그릇을 올려놓기란 불가능하다. 그래서 모든 약사불상 왼손에 약 그릇이 있지는 않다는 결론이 나온다. 얼굴을 약간 숙이고 눈동자를 아래로 향해 책 읽는 모습처럼 되었다. 어느 시대나 어느 지역이나 부처님 모델은 그 시대와 그 지역의 귀족 얼굴이다. 조선 시대 귀족은 선비이고 선비는 책 읽는 사람이어서 어깨가 구부정하고 목을 앞으로 약간 숙인 자세를 취한다. 그리하여 조선 고유색이 절정인 영·정조 시기 불상은 책 읽는 선비 같은 모습을 하고 있다. 고졸한 미소에 단아한

순천 송광사 약사전 후불탱인
약사불탱(약사여래도)과 배치도.

얼굴과 신체 또한 영·정조 대 불상의 특징이다.

송광사 약사전 후불탱인 약사불탱(약사여래도)은 1725년 작이다. 그러니까 불상 연대가 55년 더 늦다. 그렇다면 이전 약사불상이 어떤 일로 치워지고 새로 조성한 불상을 앉힌 것이다. 후불탱 원본은 성보박물관에 있고 지금 약사전에는 모사본이 걸려 있다. 후불탱은 의겸 스님 작품인데 의겸은 동시에 영산전 후불탱도 담당했다.

약사불탱 구성은 영산탱과 아미타불탱과는 많이 다르다. 약사불탱에는 10대 제자, 범천, 제석천, 사천왕, 팔부중 등이 나오지 않는다. 대신 12명의 무장한 야차신인 12야차대장이 좌우 여섯씩 나온다. 아미타불탱보다 훨씬 단순한 구성이다. 약사불 주위에는 보살들이 자리하는데 6, 8, 10으로 그 숫자가 화폭 크기에 따라 조절된다. 이는 영산탱이 6보살, 아미타불탱이 8보살로 대체로 고정되어 있는 것과 다르다. 약사불은 설법 손짓에 중지와 약지를 굽힌 것과 약 그릇이 없는 것이 약사불상과 같다. 붉은 가사를 오른쪽 어깨 반만 덮어 입었고 높은 수미좌와 연화좌를 갖추었다. 수미좌 앞 좌우에 보처 보살인 일광보살과 월광보살이 합장을 했고 나머지 네 보살 역시 마찬가지다. 보살들이 물건을 하나도 들지 않고 좌우 대칭이어서 질서정연한데 이는 약사불을 더욱 돋보이게 하는 효과를 낸다.

불·보살을 둘러싼 12야차대장은 자리와 시선은 좌우 대칭이지만 투구와 갑옷과 무기와 생김새는 서로 달라 지극히 위엄 있으면서도 성대하다. 보살이 온화하다면 야차대장은 용맹하여 기운에서 음양의 조화가 이루어졌다. 야차대장의 숫자가 12인 것은 12지支의 상징이다. 12지는 시간이자 방위이기 때문에 항시 사방을 지킨다는 의미가 담겨 있다.

약사불 모임은 1불, 6보살, 12신장으로 부처 모임으로는 숫자가 가장 적은데 이후에 약사전 규모가 커지면서 혹은 약사불이 대웅전에 삼계불로 모셔지면서 후불탱 크기가 커진다. 화폭이 커지니 불·보살, 12신장에다가 다른 부처 모임에 나오는 무리를 덧붙이게 된다. 영산탱과 아미타불탱의 공통 무리인 10대 제자, 범천, 제석천, 팔부중 등이 그들이다. 이 경우에 10대 제자는 가섭과 아난만 넣거나 팔부중은 둘 혹은 넷으로 줄여서 표현하기도 한다. 특이한 점은 화폭이 커지면서 12신장 숫자도 늘어난다는 것이다. 14신장, 16신장으로 숫자를 늘리는데 이 경우는 『약사여래본원경藥師如來本願經』이라는 경전 내용과 어긋나는 것이다. 24시간, 12방위를 지킨다는 개념에서 벗어나면서 약사불탱 구성은 과밀화되는데 이는 모든 미술이 말기에 겪는 현상이기도 하다. 과밀화는 10대 제자가 12제자로 늘어나는 현상에서 절정을 이룬다.

마곡사 명부전.

보살이 사는 집

제 5 장

마곡사 명부전 창호.

명부전, 지옥 왕들에게
죄를 심판받는 집

어두운 관청인 이곳 명부전冥府殿은 사후 세계 왕들에게 살아 있을 때 지은 업業을 심판받는 집이다. 사후 세계 왕이라고 하면 염라대왕이 떠오르는데 명부전에는 염라대왕 말고도 왕이 9명이나 더 있어 이를 시왕十王이라 한다. 원래는 십왕이지만 발음이 부드럽지 못해 '십'에서 'ㅂ'을 빼 버려 시왕이 되었다. 명부전은 그래서 시왕이 사는 집이다 하여 시왕전十王殿이라고도 한다. 그런데 시왕전 주존은 시왕이 아니라 지장보살이어서 명부전, 시왕전을 지장전地藏殿이라고도 부른다.

　명부전이 없는 절은 없다. 왜냐하면 사후 세계 지옥의 형벌에서 벗어나길 바라는 바람이 불교신앙의 핵심이기 때문이다. 명부전은 절의 가장 중요한 집인 대웅전 오른쪽에 위치한다. 부처님이 계신 대웅전에서 바라볼 때 왼쪽이 오른쪽보다 더 높은 곳이기 때문에 명부전은 절에서 두 번째로 중요한 집이 된다. 지장보살이 지닌 자비로운 힘으로 중생들은 사후 지옥의 고통에서 벗어날 수 있다.

　여주에 있는 봉미산 신륵사 명부전으로 들어가 보자. 신륵사 명부전은 3칸 크기 집이다. 불단 위에 금빛을 띤 지장보살이 가부좌를 틀

신륵사 명부전. 지옥에 있는 중생들을 구제하는 지장보살이 사는 집이다.

었다. 머리는 삭발했고 몸에는 가사를 둘러 다른 보살들과 달리 스님의 모습이다. 지장보살의 가장 큰 특징은 얼굴이 둥글넓적한 점이다. 지옥에 중생이 한 명도 남아 있지 않을 때까지 부처가 되는 것을 미룬 보살이 지장보살이기 때문에 지장보살은 그 어떤 보살보다도 자비심이 충만하다. 그래서 한없이 넓은 마음을 둥글넓적한 얼굴로 표현한다. 지장보살 또한 남성이기 때문에 코와 턱에 수염을 표현한다. 양손은 손가락을 굽힌 설법 손짓을 했고 원래 왼손 위에는 지장보살의 중요 물건인 보주가 놓여 있어야 하지만 여기서는 빠뜨렸다. 지옥은 어두운 곳이기 때문에 보주에서 나오는 빛이 지옥을 환히 밝혀 준다.

지장보살 또한 좌우보처를 두어 삼존을 구성한다. 지장보살 오른쪽에 선 이는 도명존자道明尊者라는 비구이고 왼쪽은 무독귀왕無毒鬼王이라는 왕이다. 도명존자는 아직 때가 아닌데 명부에서 실수하여 지옥에 다녀온 경험이 있어서 지장보살이 지옥에 머무는 데 도움이 되기 때문에 지장보살 좌보처가 되었다. 도명존자가 왼손에 든 것은 지장보살 두 번째 물건인 육환장이다. 인간은 죽으면 살아 있을 때 지은 업에 따라 6곳을 떠돌게 되는데 이를 육도윤회라고 한다. 이 육도윤회를 상징하는 고리 6개를 지팡이 끝에 달고 있어 육환장이라 부른다. 지장보살이 보주와 같이 들지만 때때로 도명존자가 대신 들기도 한다. 지옥의 두꺼운 문은 이 육환장으로 두드려야 열린다고 한다. 도명존자 얼굴은 지장보살과 닮았지만 좀 더 갸름하게 표현된다.

지장보살 우보처는 독이 없는 귀신 왕인 무독귀왕으로 귀왕이 사는 데가 지옥이다. 그러니까 누구보다도 지옥 상황을 잘 알기 때문에 지장보살이 지옥 중생을 구제하는 데 도움이 된다. 그렇다면 귀왕을 이렇게 불러 보면 어떨까. 지옥의 현지 가이드. 귀신 왕이기 때문에 왕 모습으로 하는데, 이것이 무독귀왕과 시왕의 모습이 비슷한 이유다. 무독귀왕은 때때로 경전이 든 나무상자인 경함을 두 손으로 받치고 있어 홀을 든 시왕과 구별할 수 있다.

불단 좌우에 대칭으로 시왕이 자리한다. 자리는 지장보살 오른쪽으로 1, 3, 5, 7, 9왕이 자리하고 왼쪽으로 2, 4, 6, 8, 10왕이 자리한다. 왼쪽 왕을 보면 2, 4, 6왕은 정면을 향했고 8, 10왕은 90도로 꺾어 앉았다. 6왕과 8왕 사이에 서 있는 왕은 시왕에 포함되지 않아 소왕小王이라 부른다. 시왕은 모두 옥좌에 앉아 왕의 관과 복식을 하고 손에는 상아로 만든 홀笏을 들었는데 홀을 들지 않은 왕도 있다.

얼굴은 모두 같은 생김새이고 준수한 외모뿐만 아니라 환한 기운까지 있다. 죽은 자를 심판하는 지옥 왕이라고 하기엔 위압스러운 구석

2, 4, 6, 8, 10왕과 그들 사이에서 약간 뒤로 물러서 있는 소왕.

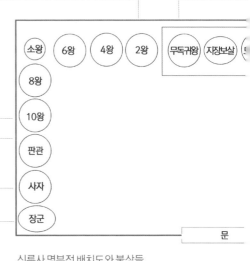

중생의 죄를 기록한
두루마리를 든 판관과
중생을 끌고 오는
사자(저승사자).

소왕	6왕	4왕	2왕	무독귀왕	지장보살	
8왕						
10왕						
판관						
사자						
장군					문	

신륵사 명부전 배치도와 불상들.

명부 앞에서
머뭇거리는 중생에게
어서 들어오라고 다그치는 장군.

1, 3, 5, 7, 9왕과 그들 사이에서 약간 뒤로 물러서 있는 소왕.

가운데 앉은 금빛 인물이
명부전의 주인 지장보살이고
왼쪽이 경함을 든 무독귀왕,
오른쪽이 육환장을 쥔 도명존자다.

3왕	5왕	소왕
		7왕
		9왕
		판관
		사자
		인왕(금강역사)

중생의 죄를 기록한
두루마리를 든 판관과
중생을 끌고 오는
사자(저승사자).

명부전을 지키는
인왕(금강역사).

이 하나도 없으니 조선 사람들이 생각한 가장 바람직한 왕 모습이 이랬을 것이다. 왕조 국가에서 최고 이상형 왕을 절 명부전에서 만날 수 있다는 사실에서 조선 불교미술의 생명력과 가치를 깨닫는다. 왕들 얼굴은 모두 같아도 의복 문양과 색을 달리하거나 홀을 두 손으로 잡거나 한 손으로 잡거나 다리를 모두 내리거나 반가 자세를 취하거나 하여 질서 속에 변화를 주었다. 왕이 앉은 의자 어깨 양쪽에는 용을 조각하여 붙였고 팔걸이 아래에는 봉황 조각을 붙였다. 용이나 봉황 모두 왕을 상징하는 동물들이기 때문이다.

시왕 옆에는 시왕을 보좌하는 판관判官이 사모紗帽에 문관 복식을 하고 두루마리를 들었다. 저 두루마리에 죄인이 지은 죄 내용이 적혀 있어서 판관이 두루마리를 시왕에게 바치면 시왕은 죄 내용을 보고 판결을 한다. 판관 얼굴도 크기만 작았지 시왕과 거의 닮았다. 시왕마다 판관 여러 명이 도와주지만 명부전 조각상에는 1구만 대표해서 세워 놓는다.

판관 옆에 기다란 막대기를 든 인물은 시왕의 명령을 받고 이승으로 내려와 중생을 저승으로 데려가는 사자使者다. 이를 직부直符(명령을 전하다)사자라고 한다. 흔히들 저승사자라고 하는 인물이다. 머리에는 익선관처럼 생긴 모자를 썼고 목에는 천을 둘러 묶어 전령사에 어울리는 가벼운 옷차림을 했다. 직부사자 얼굴도 판관과 비슷하지만 턱수염이 짧아 더 젊어 보인다. 역시 전령사는 젊은이 일이다. 오래전 사극 〈전설의 고향〉에 나오던 검은 관에 검은 옷을 입고 얼굴이 시퍼런 저승사자는 이제 잊어도 좋다.

명부전 구성에서 마지막 조각상은 장군이다. 사자 옆에 왕방울만 한 눈과 코를 가진 우락부락한 장군이 왼손을 들어올려 주먹 쥐고 누군가를 겁주는 듯한 모습으로 문 바깥쪽을 향해 있다. 직부사자에게 끌려온 중생이 명부에 들어오는 것을 꺼리니 "빨리 들어오지 못할까" 하

여수 흥국사 명부전에 있는 동자상.
쌍상투에 앳된 모습이 귀엽다.

고 위협하는 모습이다. 그런데 절에 따라 장군상 대신 인왕상이 있는 경우도 있다. 이럴 경우 인왕 상은 명부전을 지키는 역할을 맡는다. 이렇게 해 서 명부를 구성하는 모임이 완성되었다.

그런데 신륵사 명부전에는 동자상이 빠져 있 다. 명부에서 동자는 시왕을 시중드는 역할을 하 며 동시에 판관을 도와주기도 한다. 흥국사 명부 전을 보면 쌍상투를 틀고 붉은 상의와 녹색 하 의를 입은 동자가 판관과 사자 사이에서 두 손을 소매 안에 모으고 서 있다. 당당히 명부의 일원 으로 자리를 차지한 모습이다. 얼굴은 앳되면서 도 의젓하고 점잖다. 동자의 해맑은 얼굴 덕분에 어두운 곳인 명부가 결코 어둡지 않게 느껴진다. 또한 나이 지긋한 시왕들 사이에 천진한 얼굴로 있는 동자는 할아버지 곁에 있는 손자 같은 귀여 움이 있다.

이제 지장보살상과 시왕상 뒤에 각각 걸리는 지장탱과 시왕탱을 살펴보자. 지장탱은 가평 운 악산 현등사 지장전 지장탱(지장시왕도)이 조선 시대 지장탱 가운데 으뜸이다. 지장탱은 지장삼존과 시왕과 명부 무리 들을 한 화폭에 담은 그림이다. 좌대 위에 있는 지장보살은 가부좌에 서 왼쪽 다리를 아래로 늘어뜨려 반만 가부좌를 했고 왼쪽 발은 아래 에서 올라온 연꽃 씨방에 올려놓았다. 지장보살은 부처처럼 가사를 두 르지만 귀걸이, 목걸이, 팔찌 등 장신구를 달고 있기 때문에 부처 의복 과는 구분된다. 오른손은 어깨 높이까지 들어 보주를 받쳤으며 왼손 은 무릎 위에 놓았다.

현등사 지장전 지장탱과 배치도.

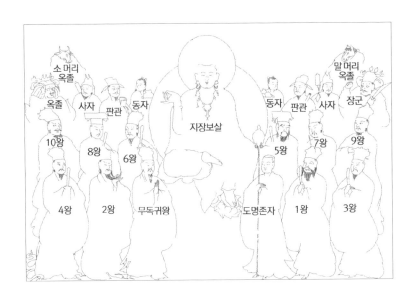

소 머리
옥졸

옥졸   사자   동자
        판관

말 머리
옥졸

동자   판관   사자   장군

지장보살

10왕   8왕   6왕

5왕

7왕   9왕

4왕   2왕   무독귀왕

도명존자   1왕   3왕

지장보살은 반가부좌에 왼쪽 발을 연꽃 씨방에 올려놓고 가사를 입고 온갖 장신구를 달았다.
현등사 지장전 지장탱(부분).

지장보살을 호위하는 무리들. 아랫줄 왼쪽에서 세 번째가 합창한 무독귀왕, 네 번째가 육환장을 든 도명존자다.
나머지는 시왕이다. 현등사 지장전 지장탱(부분).

지장보살을 호위하는 무리들. 아랫줄 왼쪽부터 붉은 머리 옥졸, 사자, 책을 든 판관, 과일 접시를 든 동자 둘, 두루마리를 든
판관, 사자, 칼을 든 장군이다. 윗줄에는 소 머리 옥졸과 말 머리 옥졸이 합창을 하고 있다. 현등사 지장전 지장탱(부분).

지장보살 앞 오른쪽에는 육환장을 든 도명존자가 앳된 얼굴로 자리했고 맞은편엔 무독귀왕이 합장하며 서 있다. 무독귀왕과 그 옆 시왕은 같은 의복과 관을 입었기 때문에 생김새에서 차이가 없다. 도명존자 옆으로 1, 3왕이 서고 그 뒤로 5, 7, 9왕들이 섰고 홀을 들거나 붓을 들거나 빈손이거나 해서 변화를 주었다. 이는 맞은편 왕들도 마찬가지다. 시왕들 모두 의젓하면서도 웃음기를 머금고 있어 밝고 즐거운 모임에 와 있는 듯하다.

　지장보살 신광 좌우에는 과일 접시를 든 동자가 있고 그 옆으로 판관과 사자가 자리했다. 그다음에 칼을 든 장군은 죄인들이 명부에서 도망가지 못 하게 하고, 붉은 머리털을 한 옥졸은 지옥에서 형벌을 집행하고 말 머리와 소 머리 옥졸은 시왕 곁에서 깃대 드는 일을 한다. 이렇게 명부전에 걸리는 지장탱은 명부전 안에 있는 조각상들을 모두 한 화면에 그려 넣어 명부를 한눈에 이해하도록 만든다.

　한편 명부전에 따라 시왕탱이 첨가되기도 한다. 시왕탱은 10명 왕의 재판과 지옥 형벌 장면을 10폭에 각각 담은 그림이다. 각 폭 구성을 보면 위는 왕이 재판하는 장면이고 아래는 죄인들이 여러 지옥에서 벌을 받는 장면이다. 온양민속박물관에 소장된 시왕탱 가운데 다섯 번째 염라대왕 화폭을 통해 시왕탱을 살펴보자.

　책상을 앞에 두고 의자에 앉아 있는 이가 염라대왕이다. 원래 인도에서 사후 세계를 주관하는 왕이었다가 불교가 탄생하고 나서 불교 세계 안으로 들어왔다. 이후 중국에서 명부 왕이 10명으로 늘어날 때 다섯 번째 왕이 되었고 다른 왕들 모습과 차별화되었다. 다른 왕들은 둥근 관인 오량관을 쓴 것과 달리 네모난 관인 면류관을 썼으며 수염이 풍성하고 죄인의 형벌을 정하기 위해 붓을 들었다. 염라대왕 주변에는 판관, 사자, 궁녀, 동자, 옥졸들이 서서 호위하는데 옥졸들은 깃대를 들고 궁녀들은 큰 양산이나 부채를 들고 있어 왕을 수행하는 격식을

온양민속박물관에 소장되어 있는 시왕탱 중 다섯 번째 화폭 염라대왕탱.

시왕탱 속 지옥 장면. 구슬처럼 생긴 업경대가 오늘날의 CCTV처럼 중생이 살아 있을 때 저지른 죄를 재생하고 있다. 붉은 머리털의 옥졸은 죄인의 머리칼을 잡은 채 업경대를 보여 주고 있다. 아래에는 죄인들을 절구통에 넣고 찧고 있다. 온양민속박물관 소장 시왕탱 중 염라대왕탱 (부분).

잘 차렸다. 이렇게 10폭마다 왕 재판 장면은 거의 비슷하다.

하지만 구름 아래 지옥 장면은 모두 달라서 시왕탱에는 총 10개 지옥이 펼쳐진다. 이 중 염라대왕 화폭에는 죄인들을 커다란 절구통에 넣고 절굿공이로 빻는 대애碓磑(방망이와 맷돌)지옥이 나온다. 옥졸 둘이 이를 집행하고 절구통 좌우에는 포승줄에 묶인 죄인들이 자기 차례를 기다리며 떨고 있다. 하지만 이 모든 고통도 지장보살의 원력願力으로 소멸될 것이 분명하다. 절구 뒤에는 지장보살이 합장하며 지옥 중생들을 위해 기도하고 있고 사모를 쓴 두 판관 옆에는 쌍상투를 튼 동자들이 시중을 들고 있다. 동자들은 명부의 재판장에서건 지옥의 형벌장에서건 어디에서나 나타난다.

지옥 장면 가운데에는 높은 나무대 위에 둥근 구슬이 올라 있고 구슬 안에는 도끼를 들고 황소 목을 치려는 사람이 보인다. 나무대 왼쪽으로 붉은 머리털의 옥졸이 죄인 머리칼을 잡은 채 구슬을 보게 한다. 이 머리칼 잡힌 죄인이 구슬 속 인물이다. 즉 살아 있을 때 지은 악업이 고스란히 구슬에 떠오른 것이다. 그래서 이 구슬을 '업을 비추는 거울'이란 뜻으로 업경대業鏡臺라고 한다. 명부에 있는 업경대 덕분에 이승에서 저지른 죄를 속일 수 없게 되고 자신의 죄를 깨닫게 된다. 그렇다면 업경대를 '지옥의 CCTV'라고 불러도 되겠다.

시왕탱 속 지옥 장면은 옛날에 윤리 교과서 역할을 했을 것이다. 살아 있을 때 지은 죄는 죽어서도 벌을 반드시 피해 갈 수 없다는 사실을 중생에게 그림으로 일깨웠다. 또한 만약 조상들이 저 지옥에 빠져 있다면 후손들은 지장보살 앞에서 기도를 드려 조상들이 지장보살의 자비력으로 지옥에서 벗어나길 염원했다. 그래서 오늘도 명부전 안에서는 "지장보살", "지장보살" 하고 부르는 사부대중의 염불 소리가 끊이지 않는다.

관음전, 현실 고통을 없애 주는 관세음보살이 사는 집

보살이 주존인 두 번째 집이 관음전觀音殿이다. 관세음보살이 주존이기 때문에 관음전이라고 한다. 지장보살은 계신 곳이 명부이기 때문에 집 이름이 명부전이었는데 관세음보살은 어디든 계시기 때문에 공간으로 집 이름을 지을 수 없다. 지장보살이 사후 세계에 중생의 고통을 없애 준다면 관세음보살은 살아 생전에 고통을 없애 준다. 그래서 관세음보살을 현실 구제 관세음보살이라고 부른다. 관세음보살을 믿고 따르는 관음신앙이 한국 불교 제일 신앙이 된 것은 중생이 살아서 어려움에 처할 때 관세음보살을 부르면 관세음보살이 그 소리를 듣고서 중생 앞에 나타나 어려움을 바로 해소해 주기 때문이다. 중생들은 사후 세계 지옥에서 벗어나기도 원하지만 현실에서 맞닥뜨리는 어려움에서 벗어나기를 더욱 간절히 바란다. 그래서 절에서는 빠짐없이 관세음보살상이나 벽화 혹은 탱화를 봉안하는데 관세음보살이 아미타불 좌보처이기 때문에 극락전 혹은 무량수전에 가도 관세음보살을 만날 수 있다. 그런데 이 경우는 극락에서 아미타불을 도와주는 역할에 그치기 때문에 본래의 현실 구제 권능과는 맞지 않다. 그래서 관세음보살을 주

파계사 원통전. 원통전 또는 관음전의 주인은 중생이 겪는 현실의 어려움을 해결해 주는 관세음보살이다.

존으로 모시는 집을 따로 두는 것이다.

관음전을 원통전圓通殿이라고도 부르는 이유는 중생들이 겪는 여러 고통을 해결하는 데 관세음보살은 원만하게 통하기 때문이다. 여기에 보배로울 '보'자를 넣어 원통보전圓通寶殿이라고도 한다. 한국에는 관세음보살 기도가 영험한 4대 관음 기도 도량이 있으니 강화 보문사, 양양 낙산사, 남해 보리암, 여수 향일암이 그것이다. 모두 바닷가에 있는 도량으로 이는 『화엄경』에 관세음보살이 남해 바다 가운데 보타락가산에 상주한다는 내용 덕분일 것이다. 더군다나 옛날 바다를 항해하는 상선이거나 어선들은 풍랑에 휩쓸려 생명과 재산을 잃는 경우가 많았기 때문에 안전한 항해와 귀환을 관세음보살에게 간절히 기도했을 것

순천 송광사 관음전.

이다. 결국 바닷사람들에게 관세음보살의 구제력救濟力은 생명줄이나
다름없었기 때문에 관음신앙이 바닷가에서 더욱 절실하지 않았나라
는 생각이 든다. 그렇다고 내륙에서 관음신앙이 약했다는 이야기는 아
니다.

  그 가운데 찾아갈 곳은 순천 송광사 관음전이다. 관음전 안에 단독
으로 목조관세음보살상을 봉안했다. 관세음보살상 배 속에서 나온 유
물에 의하면 1662년 궁중 나인 노예성이 소현세자 셋째 아들인 경안
군과 부인 허씨의 장수를 빌며 보살상을 조성했다고 한다. 높이 92cm
인 아담한 크기로 조선 후기 불상답게 단아하다. 보관을 쓰고 천의를
둘렀고 구슬 장식은 하지 않았다. 대신 보관 장식은 매우 화려하고 치
마 무릎에는 장신구 표현을 양각으로 했다.

순천 송광사 관음전에 모신 목조관세음보살상. 글 읽는 선비를
모범으로 해서 의젓하고 총명해 보인다.

얼굴은 미남인데다 책을 많이 읽은 선비 같은 총명함이 있고 코밑
수염과 턱수염으로 장년의 선비처럼 의젓하다. 고개를 약간 숙인 것은
역시 글 읽는 선비를 모범으로 했기 때문이다. 보관에 아미타불이 없
어도 오른손에 든 정병 덕분에 이 보살이 관세음보살인 것을 알 수 있
다. 정병은 관세음보살이 지니는 핵심 물건이기 때문이다. 설법 손짓에
다가 오른손에 정병을 비스듬히 세워 끼운 것은 독창성이 낳은 결과
다. 전체 비례와 양감, 세부 묘사 등에서 빠지는 것이 하나도 없어서 조
선 후기 관세음보살상 가운데 손꼽히는 작품이다.

관음전 혹은 원통전에 관세음보살상이 모셔지면 뒷벽에는 관음탱
이 걸린다. 조선 시대 원통전 관음탱으로 첫손가락에 꼽히는 작품이

여수 흥국사 원통전 관음탱(수월관음도).

여수 흥국사 원통전 관음탱에 그려진 선재동자.

1723년 의겸이 그린 흥국사 원통전 관음탱(수월관음도)이다. 의겸이 남긴 3점의 관음탱 가운데 가장 시기가 앞서는데 완성도에 있어서 으뜸인 것은 첫 작품 이후에 이전 초본을 반복하면서 양식화되었기 때문이 아닌가 생각한다. 세로 224cm, 가로 165cm 비단 위에 의겸과 함께 12명 스님들은 고려 수월관음도에서부터 내려온 관세음보살 그림의 모범을 창안했다. 당당한 체구의 관세음보살이 암석 위에 편안히 앉아 정면을 향했다. 아미타불이 있는 높은 보관을 쓰고 푸른 천의를 둘렀으며 붉은 치마를 입었고 천의와 치마 모두에 화려한 문양을 수놓았다. 귀걸이, 목걸이, 팔찌 등으로 치장하여 조선 시대 그림으로 그려진 관세음보살 가운데는 가장 화려하다.

보살도와 보살행을 배우기 위해 선지식善知識을 찾아다니는 선재동자는 왼쪽 아래에서 합장을 하고 그림 감상자 쪽을 향해 허리를 굽혔다. 원래 고려 불화에서는 관세음보살과 선재동자가 마주 보고 있지만 시간이 지나면서 관세음보살은 정면을 향하게 되고 선재동자만 관세음보살을 향하는데, 이 모습이 약간 어색하다. 이러다가 조선 시대에 들어가서 선재동자도 화면 바깥쪽을 향하면서 둘 사이가 자연스러워지는 것을 이 그림에서 확인할 수 있다. 전통 도상을 과감히 개선한 좋은 예다. 조선 시대 불교미술에서 동자상은 명부전과 나한전에서 많이 만

여수 흥국사 원통전. 정자각 형태인 丁자형 구조로 되어 있다.

날 수 있는데, 탱화에서는 흥국사 관음탱의 선재동자 인물이 으뜸이다. 보살도와 보살행을 이미 터득한 총기 넘치는 아이 모습이다.

밑에 바다 물결은 암석과 같이 갈색으로 칠하여 관세음보살과 선재동자의 화려한 자태가 더욱 돋보인다. 오른쪽 바위 뒤로는 대나무가 자라고 왼쪽 바위 위에는 버드나무가 꽂힌 정병이 놓여 있다. 정병 모양이 고려 불화 속 그것과 많이 다르긴 하지만 고려 불화에 있는 물건을 빼놓지 않고 모두 표현하여 전통을 잘 이었다.

흥국사 원통전 건물은 선암사 원통각처럼 '丁'자형 구조다. 이처럼 당시 전라남도 절에서 원통전을 정자각 형태로 만들고 관세음보살을 봉안하는 것이 유행이었다. 현재 흥국사 원통전에는 근래에 조성한 천수천안千手千眼 관세음보살상과 영산탱이 봉안되어 있고 1723년 작 관음탱은 성보박물관에 보관되어 있다.

기림사 응진전 500나한상.

신륵사 조사당 추녀.

나한전, 번뇌를 떨친 아라한이 사는 집

아라한阿羅漢(산스크리트어 아르하트arhat의 음역)은 부처님 말씀을 직접 듣고 도달할 수 있는 마지막 결실인 아라한과果를 얻은 스님을 말한다. 아라한과는 모든 번뇌가 소멸한 단계이고 아라한은 더 이상 생사 윤회를 하지 않는다. 석가모니불 제자 1,250명은 모두 아라한이라 부를 수 있고 부처님 열반 후 아라한을 믿고 따르는 신앙이 생겼다. 아라한신앙은 16아라한, 500아라한으로 숫자를 지정하게 되었다. 아라한은 다음 부처님인 미륵불이 올 때까지 열반에 들지 않고 부처님 법을 지키는 역할을 맡는다. 부처님 제자를 믿고 따르는 아라한신앙은 아라한이 신통력을 발휘하여 중생들을 고난에서 구제해 준다는 믿음으로까지 확대되었다. 대승불교 이후 불보살에다가 성문승聲聞僧으로 신앙 대상이 넓어진 것으로 불보살보다 좀 더 중생들과 가까운 이들이 아라한이다. 모든 번뇌를 소멸시켜 생사 윤회에서 벗어나길 원하는 수행자들에게 아라한은 믿음직한 의지처였다.

아라한을 모신 집을 나한전羅漢殿 혹은 응진전應眞殿이라고 한다. 응진應眞이란 '진리에 상응하는 자'란 뜻으로 아라한의 다른 이름이다. 중

부처님 제자인 아라한을 모시는 집인 미황사 응진당.

국인들은 산스크리트어를 음역한 아라한을 줄여 나한이라고 불렀다. '아'가 부정의 접두어이고 '라한'이 '번뇌가 있는'이란 뜻으로 '아라한'은 '번뇌가 없는'이란 말인데 만약 '나한'만 하면 '번뇌가 있는'이란 뜻이 된다. 하지만 언어란 것이 관습이어서 '나한'은 중국 한자에서 일반명사가 되었다.

명부전만큼은 아니지만 많은 절에서 아라한을 모신다. 이번에는 해남 달마산 미황사 응진당으로 찾아가 보자. 미황사 응진당은 1751년에 중수한 기록이 있어 응진당 조각 또한 이때 만들었을 것이다. 조각상들은 모두 나무로 만들었다. 응진당 주존은 아라한들의 스승인 석가모니불이다. 얼굴은 네모나고 고개를 약간 숙인 단아한 체형으로 조선 후기 불상의 특징을 고스란히 가지고 있다. 머리 중간과 정상에 상투

구슬이 분명하고 눈썹 사이에 백호白毫(흰 털)도 뚜렷하다. 가사는 오른쪽 어깨 반만 덮었고 손짓은 항마촉지인을 했다.

원래 응진당은 석가모니불을 주존으로 하고 미륵보살과 제화갈라보살을 좌우보처로 삼는데 미황사 응진당에서는 좌우보처를 두지 않고 석가모니불만 독존으로 모셨다. 지금 미황사 응진당 석가모니불 좌우에 있는 상은 범천과 제석천으로 이들은 원래 16나한상 양쪽 끝에 있어야 하는데 자리를 옮겨 왔다. 범천과 제석천은 부처님 법을 수호하는 으뜸 천신으로 이번에는 아라한들을 수호하는 임무를 맡았다.

범천과 제석천 좌우에는 가섭존자와 아난존자가 서 있다. 가섭과 아난은 석가모니불 10대 제자 가운데 세 번째와 열 번째로 중국 선종 불교에서 석가모니불의 마음을 이은 2대 조사와 3대 조사가 된다. 아라한은 모두 석가모니불 성문聲聞 제자들이지만 중국에서 성립된 16나한, 500나한에 가섭과 아난은 들어 있지 않았다. 그래서 아라한을 모신 응진당에 가섭과 아난을 세워 10대 제자를 대표하게 했다. 아난은 부처님 열반 당시에 아직 아라한과를 얻지 못했지만 이후 다른 아라한의 가르침을 듣고 아라한이 되었다.

가섭은 흔히 나이 든 할아버지 모습으로 표현하는데 미황사 응진당 가섭존자는 머리털이 하나도 없고 눈썹과 수염은 백발이어도 그다지 늙어 보이지 않는다. 연꽃 문양이 있는 붉은 가사를 장삼 위에 걸쳤고 상체를 약간 기울였고 왼손을 오른손으로 감싼 지혜주먹 손짓을 했다. 정수리는 살상투처럼 불룩하게 솟아올라 있는데 가섭존자의 중요한 신체 특징 중 하나다. 인자하고 온화한 얼굴은 이전의 순천 송광사, 여수 흥국사 응진당 가섭존자상에서 이어져 온 것으로 조선 후기 가섭존자상이 마침내 완성되었다. 곧게 서서 두 손을 단정히 모은 아난존자는 젊고 앳된 스님의 모습을 하고 있어 석가모니불이 25년 동안 한 설법을 모두 다 외웠다는 총명함이 고스란히 드러난다.

미황사 응진당 조각상들과 배치도.

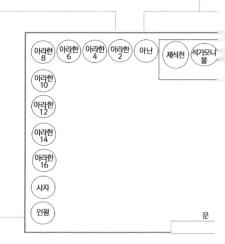

| 아라한 8 | 아라한 6 | 아라한 4 | 아라한 2 | 아난 | 제석천 | 석가모니불 |

아라한 10

아라한 12

아라한 14

아라한 16

사자

인왕

문

뒷줄 오른쪽부터
짝수의 아라한 8구가 앉아 있고
그 끝에 사자와 인왕이 서 있다.
아라한 앞에 있는 작은 상들은
시중을 드는 동자들이다.

가운데 석가모니불을 중심으로 좌우에 범천과 제석천
이 앉아 있다. 범천 오른쪽에는 나이 든 가섭이, 제석천
왼쪽에는 아난이 서 있다.

뒷줄 왼쪽부터
홀수의 아라한 8구가 앉아 있고
그 끝에 사자와 인왕이 서 있다.

석가모니불을 중심으로 하여 오른쪽으로 홀수의 여덟 아라한, 왼쪽으로 짝수의 여덟 아라한이 자리했다. 얼굴은 가섭과 아난과 닮게 하여 나이 든 아라한과 젊은 아라한을 섞어 놓았다. 그림과 달리 조각상에서는 16명 얼굴 모습을 모두 달리하기는 어렵고 그렇게 한다 해도 통일감이 떨어질 수 있다. 대신 손 모양은 모두 다르게 했는데 빈손도 있고 붓을 들어 무언가를 쓰거나 사자나 봉황을 어르거나 하는 듯 질서 속에 변화를 주었다. 의복도 형태와 색을 달리하여 변화를 주었으며 가부좌를 틀거나 반만 가부좌를 틀거나 두 다리를 내리거나 안락좌를 취하는 등 자세도 다양하게 했다. 밝고 환한 기운이 얼굴에 고스란히 내비쳐서 참으로 번뇌를 모두 소멸시킨 사람들 같다. 이 나한상을 만든 장인들 마음도 이렇게 밝고 환했을 테니 미술이 시대의 마음이라는 것은 이것을 두고 하는 말이다.

미황사 응진당 조각이 이것으로 끝은 아니다. 16나한상 다음으로 사자使者상과 인왕仁王상이 양쪽으로 자리 잡았다. 이런 구성은 이전의 순천 송광사와 여수 흥국사 응진당에서 이어진 것으로 사자와 인왕이 명부전을 구성하는 필수 성중인 것을 생각하면 명부전 구성 요소를 응진당이 받아들인 것으로 보아야 한다. 16나한상 앞에는 쌍상투를 틀거나 머리를 길게 땋은 동자들이 두 손을 모으거나 연꽃이나 불자를 들거나 사자와 봉황을 안거나 하여 뒤에 있는 아라한들을 시중드는 역할을 맡는다. 응진당에서 아라한들과 동자들이 같이 등장하는 것은 명부전에서 시왕들과 동자들이 같이 등장하는 것과 분위기가 비슷하다. 그러니까 명부전과 응진당은 여러 면에서 친연성이 있다.

응진당 탱화는 여수 흥국사 응진당 탱화가 현존하는 16나한탱 가운데 모범이 된다. 1655년 흥국사 응진당에 조각상들이 모셔지고 나서 70년 후인 1723년에 탱화(16나한도)가 걸린다. 모두 6폭인데 조각상과 마찬가지로 오른쪽은 홀수로, 왼쪽은 짝수로 나간다. 그런데 특이하게

도 1대 아라한이 등장하기 앞서 가섭존자가 지팡이를 짚고 서 있다. 맞은편 2대 아라한 옆에는 아난존자가 서 있다. 의겸 스님은 흥국사 응진당 탱화를 제작하면서 응진당 조각상 구성과 같이 가섭과 아난존자를 그림에 넣은 것이다. 그렇다면 지금은 전해지지 않는 흥국사 응진당 후불탱(영산탱)은 석가모니불과 미륵보살, 제화갈라보살 삼존만 그린 그림이었을 것이다. 1년 후 순천 송광사 응진전 후불탱에서는 석가, 미륵, 제화갈라, 가섭, 아난 오존으로 그려 넣고 나한탱에는 아라한들만으로 채워 넣어 더 합리적인 구성으로 바뀌었다.

흥국사 나한탱 속 아라한들은 조각상과 비교했을 때 얼굴이나 의복, 자세 등에서 훨씬 다양한데, 입체 조각에서 표현하기 어려운 것이 그림에서는 가능하기 때문이다. 경전에 쓰여 있는 대로 귀를 파거나 등을 긁거나 비를 부르거나 용을 희롱하거나 서거나 앉거나 등 질서 속에 변화가 풍부하다. 귀를 파고 등을 긁는 모습은 번뇌를 떨친 아라한도 육체에서 오는 괴로움은 벗어날 수 없다는 사실을 말해 준다. 조각상에서 보이던 아라한의 걸림 없는 마음 상태가 그림에서도 그대로여서 번뇌가 소멸한 경지가 어떤 것인지 짐작이 된다.

15번째와 16번째 아라한 그림 다음에는 범천(제석천), 사자, 인왕(금강역사) 그림이 나오는데, 조각상과 다르게 판관 대신 사자를 넣었다. 의겸 스님은 아라한을 지키는 데는 판관보다는 사자가 더 어울린다고 생각했을 것이다. 더군다나 이미 명부전에서 시왕탱에 사자와 인왕 그림을 덧붙여 명부전 탱화를 완성한 바 있으니 말이다. 조선 시대 사자와 인왕 그림 가운데 손에 꼽을 만큼 뛰어난 작품이다.

응진전에서 만나는 16나한은 때때로 500나한으로 숫자가 늘어난다. 500은 석가모니불이 열반한 뒤 경전 편찬을 위해 1차로 모였던 아라한 숫자다. 500나한상을 모두 조각하는 것은 쉽지 않은 일이기 때문에 절에서 흔하게 볼 수 있지는 않은데, 영천 팔공산 은해사 거조암 영산

여수 흥국사 응진당 16나한탱
6폭과 배치도. 아라한들이 귀
를 파거나(4) 등을 긁거나(14)
용을 희롱하는(5) 등 다양한 자
세와 행동을 하고 있다.

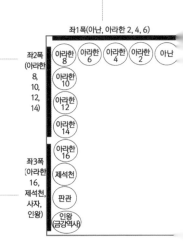

좌1폭(아난, 아라한 2, 4, 6)

좌2폭 (아라한 8, 10, 12, 14)	아라한 8	아라한 6	아라한 4	아라한 2	아난
	아라한 10				
	아라한 12				
	아라한 14				

좌3폭
(아라한
16,
제석천,
사자,
인왕)

아라한
16

제석천

판관

인왕
(금강역사)

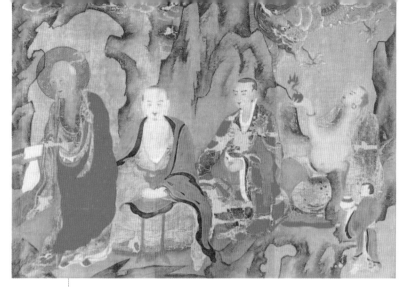

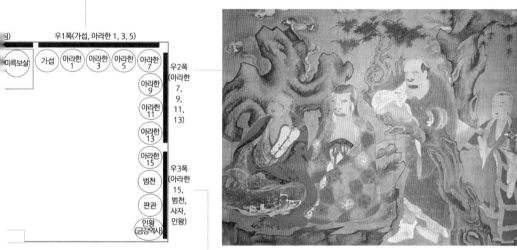

우1폭(가섭, 아라한 1, 3, 5)

미륵보살	가섭	아라한 1	아라한 3	아라한 5	아라한 7

우2폭
(아라한
7,
9,
11,
13)

아라한 9

아라한 11

아라한 13

아라한 15

우3폭
(아라한
15,
범천,
사자,
인왕)

범천

판관

인왕
(금강역사)

거조암 영산전 500나한(위)과 기림사 응진전 500나한. 익살스러운 표정들이 순례객들의 근심과 걱정을 저 멀리 날려 버린다.

전 500나한(1375년)과 경주 함월산 기림사 응진전 500나한(1729년)이 유명하다. 익살이 무엇인지를 보여 주는 이들 500나한을 보고 있노라면 어느덧 속세에서 생긴 근심, 걱정은 저 멀리 달아나 있다. 많은 절들에서 나한 기도는 오늘도 계속된다.

조사전, 스승의 진영을 모신 집

조사祖師란 '으뜸되는 스승'이라는 말로 절을 처음 세운 스님을 뜻한다. 조사전祖師殿 혹은 조사당祖師堂에는 절을 창건한 스님의 초상화인 진영眞影 혹은 인물 조각상이 봉안된다. 통도사 개산조당開山祖堂에는 통도사 창건주인 자장율사 진영을 봉안하고 부석사 조사당에는 부석사 창건주인 의상대사상을 봉안한다. 이렇듯 절에서는 절을 처음 세운 스님을 조사로 받들어 진영에 참배한다. 그런데 조사의 진영만 모시는 건 아니다. 그 절에 머물렀던 고승들의 진영도 모시는데, 이때는 집 이름을 영당影堂 혹은 진영당眞影堂, 진영각眞影閣이라고도 한다.

　스님 진영을 봉안하는 전통은 선종불교 아래에서 활발히 이어졌다. 선종불교에서는 스승에서 제자에게 법이 이어지는 것을 중요하게 여겼기 때문이다. 이를 법통 혹은 법맥이라 부르는데 조선 시대에 들어 유학자들이 학통, 학맥을 중요시하는 것과 맞물려 선사禪師 진영 조성이 더욱 활발해졌다. 그리하여 조사당에 스승과 제자 진영을 같이 봉안한 예도 있다. 신륵사 조사당에 가면 신륵사에서 입적한 나옹화상과 나옹화상 스승인 중국 스님 지공화상, 나옹화상 제자인 무학대사 등 세

부석사를 창건한 의상대사의 인물 조각상을 모신 부석사 조사당.

진영이 나란히 모셔져 있다.

고승 진영을 만나러 순천 송광사로 떠나 보자. 송광사에는 다른 절에는 없는 국사전國師殿이란 건물이 있다. 국사전은 '국사들의 진영을 봉안한 집'이란 말로 국사란 고려 때 나라에서 가장 높은 스님들에게 내린 호칭이다. 송광사는 고려 시대에 16국사를 연이어 배출했고 16국사 진영을 국사전에 봉안했다. 첫 번째 국사가 송광사를 창건한 보조국사普照國師 지눌知訥(1158~1210)이다. 지금 남아 있는 진영은 1780년에 그린 작품이다.

보조국사는 나무로 만든 의자에 앉아 두 발을 가지런히 내리고 왼손은 손바닥을 위로 가게 하여 허리까지 들어올렸고 오른손은 기다란 지팡이를 잡았다. 스님들의 지팡이를 주장자柱杖子라 부른다. 의자를

신륵사 조사당에 모셔져 있는 진영들. 오른쪽부터 나옹화상, 나옹화상의 스승인 지공화상, 나옹화상의 제자인 무학대사. 지금 걸려 있는 것은 사진본이고 조각상은 나옹화상이다.

왼쪽으로 비스듬히 놓아 보조국사 시선은 왼쪽을 향했다. 머리와 수염은 삭발했지만 짧은 검은 머리털이 덮여 있어 백발은 아니다. 보조국사가 52세로 열반에 드니 말년 모습으로 봐도 될 것이다. 얼굴엔 살이 없어 뼈대가 드러나고 고개는 약간 앞으로 숙였으며 어깨는 오랜 참선으로 굽은 듯하다. 하지만 눈빛은 형형하니 이것이 깨달음을 얻은 선사의 참모습이다. 녹색 장삼에 붉은 가사를 걸쳤고 녹색 신을 신었다. 지팡이 윗부분 끝에 고리 6개가 달려 있는 것은 지장보살 육환장에서 빌려 온 것이고 땅에 닿은 지팡이 끝이 금속으로 마감된 것은 땅에 마모되는 것을 방지하기 위한 것 같다.

　보조국사 지눌의 진영은 동화사에도 있다. 가사 색만 다르고 나머지는 도상이 같은데, 동화사 본을 송광사 본이 옮겨 그렸을 가능성이 있다. 왜냐하면 동화사 본이 더 오래된 방식이고 세부 표현이 더 섬세하다. 따라서 연대가 밝혀져 있지 않은 동화사 본은 1780년 이전으로 연

순천 송광사 국사전(위)과 내부 사진. 고려 때 이 절에서 배출한 국사 16분의 진영을 모시고 있
다. 1995년 13점을 도난당하여 나머지 3점을 성보박물관에서 보관하고 국사전에는 16점의 사
진을 걸어 놓았다.

대를 추정할 수 있다. 이것으로 조선 시대 스님 진영은 여러 차례 옮겨 그려 여러 절에서 나누어 모셨다는 것을 알 수 있다.

동화사에는 보조국사 지눌의 진영과 더불어 사명당四溟堂 송운 대사松雲大師의 진영도 있다. 아마도 지눌 진영과 사명당 진영은 같이 그려졌을 것이다. 사명당과 송운은 모두 호이고 이름은 유정惟政 (1544~1610)이다. 청허당淸虛堂 서산대사西山大師 휴정休靜(1520~1604) 의 제자로, 임진왜란 때 승병을 이끌고 전란을 승리로 이끌어 조선 후 기 사대부들에게 가장 추앙받았던 스님이다. 임진왜란이 끝나고 사명 당은 해인사 홍제암에 머물다가 입적했고 이후 홍제암에는 임진왜란 3화상 진영이 봉안되는데 휴정, 유정, 영규靈圭(?~1592), 이렇게 세 스님 의 진영이다. 지금 홍제암에 있는 사명당 송운대사 진영의 원본이 동화 사 본이다.

의자에 가부좌를 틀고 앉은 것은 조선 스님 진영만의 특징이 아닌 가 한다. 원래는 의자에 두 다리를 내리고 앉다가 의자에서 가부좌 를 트는 것으로 바뀌었고 다시 의자에서 내려와 바닥에 가부좌를 트 는 것으로 바뀐다. 의자에서 가부좌를 틀면서 의자 폭이 넓어졌고 등 판이 생겼고 의자 다리가 짧아졌다. 발받침 위에는 신발 한 켤레가 놓 였다. 의자 등판이 녹색인 것은 붉은 가사와 대비시켰기 때문일 것이 다. 장삼 색이 옅은 황색인 것은 보조국사의 경우와 같다. 오른손으로 불자拂子(먼지떨이) 손잡이를 잡고 왼손으로 불자 술을 잡았다. 불자는 주장자와 더불어 스님들 진영에서 가장 중요한 물건이다.

지금까지 전해지는 여러 사명당 진영 가운데는 얼굴이 가장 좋은 작품이다. 둥글면서 기다란 얼굴에 날카로우면서도 인자한 눈빛에다가 풍성한 수염을 가슴까지 길게 늘어뜨렸다. 기다란 수염은 다른 스님들 과 사명당을 구분해 주는 중요 특징인데, 속세인처럼 수염을 길렀던 것 은 임진왜란 때 선조의 부름을 받고 속세에 참여한 자신의 삶을 상징

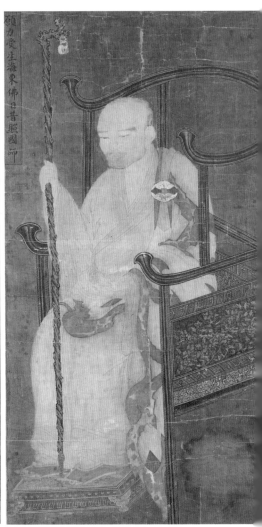

하기 위한 방편이 아니었을까. 다부진 체격에 범접할 수 없는 위엄이
전신에서 풍기니 바람 앞의 등불 같은 나라의 위기 상황에서 목숨을
내놓고 나라를 구했던 우국충정의 기운이 생생하다. 사명당 진영은 동
화사 조사당에 봉안되었다가 지금은 성보박물관으로 옮겨 놓았다. 이
는 보조국사 진영 역시 마찬가지다.

보조국사 지눌의 진영은 순천 송
광사(왼쪽)와 동화사(가운데)에
각각 모셔져 있다. 동화사에는 또
한 사명당 진영(오른쪽)도 있다.

내장사 삼성각.

제 7 장

토속신앙과 만난 집

갑사 삼성각.

산신각, 산신이 사는 집

이제 절 뒤 언덕으로 발걸음을 옮겨 보자. 대웅전 뒤로 난 길을 조금만 오르면 만나는 작은 집이 산신각山神閣이다. 산신전이 아니라 산신각이라는 말은 산신 자리가 불보살 아래라는 이야기다. 산신각에는 절이 자리한 산에 사는 신이 모셔진다. 산에는 절이 생기기 전에 이미 산신이 살고 있었다. 따라서 산에 절이 생기면 산에 살고 있던 산신을 모실 집이 있어야 하니, 이것이 한국 불교가 가진 포용력이다. 그런데 한국의 모든 산신은 다름 아닌 호랑이다. 하지만 호랑이 자체를 산신으로 받들지는 않는다. 호랑이는 백발 할아버지의 모습으로 변신한다. 그리하여 산신인 호랑이와 산신의 인간화인 노인이 같이 자리한다. 여기에다가 노인을 시중드는 동자가 어울리면 산신각 구성은 마무리된다.

산신각에 조각상은 거의 조성하지 않고 대부분 탱화만 봉안한다. 아마도 호랑이와 산신을 동시에 조각하는 것이 쉽지는 않았을 것이다. 그렇다고 아예 없는 것은 아니다. 최근 들어 탱화 앞에 산신과 호랑이 상을 같이 모시기도 한다. 제작 시기가 올라가는 산신상이 공주 계룡산 동학사 삼성각에 있다. 돌을 깎아서 산신이 호랑이 등 위에 두 다리

파계사 산령각. 절이 지어지기 전에 산에 살고 있던 산신을 모시는 집이다.

를 내리고 앉은 모습으로 만들었다. 호랑이도 의젓하고 산신도 의젓한
데 새끼 호랑이이지만 나한들이 데리고 노는 호랑이보다 조금 더 커진
듯하다.

산신은 오른손을 무릎 위에 놓았고 왼손에는 무언가를 들었는데 아
마도 영지버섯이 아닌가 싶다. 오른손이건 왼손이건 모두 다소곳하고
얼굴에는 수염 하나 없어 곱상하다. 산신탱에 등장하는 백발 할아버

동학사 삼성각 산신상. 최초로 등장한 여성 산신으로 아마도 명성황후를 모델로 삼은 듯하다.

지는 온데간데없고 머리도 여인들처럼 땋아 돌려 앉혔다. 동학사 산신상은 남성이 아닌 여성이다. 아마도 명성황후를 모델로 하지 않았을까 싶다. 명성황후가 계룡산 신원사에 국사당을 차려 놓고 나라굿을 벌였던 일을 떠올리면 당시 계룡산 스님들이 명성황후를 계룡산 산신으로 떠받들지 않았을까. 그리하여 한국 불교 산신상에서 처음으로 여성이 등장했다. 탱화에서는 1930년대부터 여성 산신이 남성 산신과 같이 등장한다.

산신탱은 연대가 많이 올라가는 것이 19세기 중반이기 때문에 아마

봉원사 산신탱. 산신탱은 산신인 호랑이, 산신이 인간 모습으로 변신한 노인,
노인의 시중을 드는 동자로 구성된다.

도 절 전각에서 가장 마지막에 들어선 것이 산신각이 아닐까 싶다. 산신탱을 만나러 서울 금화산 봉원사로 가 보자. 원래 만월전에 걸려 있다가 지금은 따로 보관되어 있는 봉원사 산신탱은 을사늑약이 맺어지던 1905년에 그려졌다. 19세기 말부터 탱화 바탕 재료가 비단에서 면으로 바뀌게 되는데 봉원사 산신탱도 면 바탕에 그렸다.

산신은 검은 실로 속이 비치게 짠 두건을 관 위에 쓰고 왼손에 깃털 부채를 들고 오른손으로 흰 수염을 쓰다듬고 있다. 옷은 붉은 포복을 입고 띠를 둘렀고 포복 깃과 소맷단과 아랫단에는 모란과 연꽃 무늬로 장식했다. 꽃 문양을 빼고 가슴과 어깨에 용 무늬 자수를 놓는다면 임금이 입는 용포와 같아진다. 이는 산신을 다른 말로 산왕신이라 하는 것에서도 알 수 있듯이 산신은 산의 임금이기 때문에 임금이 입는 포복을 입힌 것이다. 다른 산신탱과 차이 나는 점은 의자에 앉은 것이다. 산신은 호랑이를 곁에 두고 바닥에 편하게 앉는 것이 기본인데 여기서는 의자에 앉아 두 다리를 가지런히 내리고 정면을 향했다. 의자에 앉은 정면상은 봉원사 산신탱에서 가장 일찍 등장하고 이후 한양 주변 절들 산신탱에 나타난다.

의자 정면상은 고종 어진에서 영향을 받았을 것이다. 대신 의자 표현을 최소화하여 바닥에 앉은 듯하게 꾸몄다. 산신이 바닥에 앉는 경우에는 호랑이에 기대거나 호랑이를 쓰다듬거나 하여 거의 산신과 호랑이가 한 몸인 데 반해 여기서는 의자에 앉아 정면을 향하니 호랑이와 산신이 따로 놀 수밖에 없게 되었다. 그래서 그런지 엉덩이를 붙이고 상체를 세워 앉은 호랑이는 산신이나 정면을 향하지 않고 고개를 돌려 딴 곳을 보고 있다. 호랑이를 그린 솜씨는 산신을 그린 솜씨보다는 떨어지는데 민화 속 호랑이와 크게 다르지 않아 양식화되었다. 하지만 눈빛만은 살아 있다.

산신탱 주연이 호랑이와 산신이라면 조연은 소나무와 바위다. 대개 소나무는 바위를 뚫고 올라오는데 이 그림에서 바위는 생략했다. 소나무와 바위는 한국 산의 상징과도 같은 사물이고 호랑이는 소나무와 바위 사이에 거처하기 때문에 산신탱 배경으로 소나무와 바위만 한 것이 없다. 또한 짙푸른 소나무는 나이 든 산신의 모습과 절묘하게 대비된다. 이러다가 시간이 지나면서 폭포가 소나무 맞은편에 출현한다. 봉원사 산신탱에서도 왼쪽 뒤 바위 절벽에서 폭포가 쏟아지고 있다.

산신 옆에는 쌍상투의 흔적만 있는 동자 둘이 산신의 시중을 들고 있다. 왕에게는 시중드는 사람이 필요하니 동자가 그 역할을 맡게 된다. 이는 명부전에서 시왕의 시중을 동자가 드는 경우와 같다. 모두 신선 어린아이 복장을 했는데 왼쪽 동자는 불자를 들었고 오른쪽 동자는 파초선을 들었다. 불자는 원래 나한들의 중요 물건인데 산신의 물건으로 옮겨 왔다. 다른 산신탱에서는 과일이 있는 쟁반을 들기도 한다. 이는 동자들이 과일을 드는 나한탱 장면에서 빌려 왔을 것이다. 과일은 대부분 신선 복숭아인데 산신이 오래 살기를 바라는 마음이 복숭아에 담겨 있다.

산신각은 절 건물 가운데 가장 작다. 건물 안은 한 사람이 들어갈 정도의 공간이고 서면 천장에 머리가 닿을 듯하게 자그마하다. 하지만 그렇기 때문에 가장 아늑한 공간이고 여기에 가장 우리다운 산신탱이 모셔진다. 오늘날 절에서 행하는 많은 기도 가운데 영험한 기도가 산신 기도다. 이는 산과 더불어 오랫동안 살았던 사람들이 가장 오랫동안 드렸던 기도이기도 하다. 한국인이 절에서 만나는 가장 편안한 공간이 산신각이다.

독성각, 홀로 수행하는 성인이 사는 집

산신각이 없는 절에서는 산신탱이 삼성각三聖閣에 들어간다. 삼성이란 치성광여래, 독성, 산신 세 성인을 말하고 칠성각, 독성각獨聖閣, 산신각을 하나로 합친 것이 삼성각이다. 그런데 독성각이 있는 절은 많지 않다. 이 말은 독성은 주로 삼성각에 봉안된다는 이야기다. 이번에는 독성에 대해 알아보자.

독성이란 '홀로 수행하는 성인聖人'이란 뜻으로 성인 이름은 나반존자다. 나반존자는 석가모니불로부터 장차 부처가 되리라는 수기를 받고 남인도 천태산에서 수행하는 존자인데 석가모니불이 열반에 든 후에 중생을 제도한다고 한다. 나반존자를 모신 독성각이 산신각과 같은 위치에 놓이거나 산신각과 합쳐질 수 있는 것은 홀로 산에서 수행하는 나반존자의 특성에 있을 것이다. 나반존자는 인도인이기 때문에 인도 스님의 모습으로 표현된다. 산신은 조각상으로는 잘 안 만들지만 나반존자는 조각상으로 많이 만든다. 이는 단독상으로 모시는 데다 이미 나한전에 모신 나한상과 생김새가 비슷해서 만들기 어렵지 않기 때문이다.

인도 스님 나반존자가 모셔진 진관사 독성전.

나반존자신앙은 중국 불교에는 없는 한국 불교만의 고유한 신앙이
다. 독성각에 나반존자를 모시기 시작한 것이 산신각이 세워지는 때
와 거의 같기 때문에 독성 역시 산신과 마찬가지로 불교가 조선 땅에
소화되면서 출현했다. 아라한이 하나로 압축된 모습을 나반존자로 본
다. 그래서 나반이란 단어가 나한에서 왔다는 이야기도 있다. 아라한
과 나반존자가 다른 점은 아라한은 16 혹은 500 이렇게 집단으로 있
다면 나반존자는 홀로 있다는 점이다. 나반존자가 머무는 인도 천태

현등사 삼성각 독성탱. 나반존자가 친근한 노스님의 모습으로 앉아 있다.

산을 조선 땅으로 옮겨 왔기 때문에 독성각 역시 산신각만큼 친근한 집이 된다.

1875년 서울 삼각산 화계사 삼성각에 봉안되었다가 지금은 가평 현등사 삼성각에 걸려 있는 독성탱을 보자. 세로 117cm, 가로 139cm로 독성탱의 보통 크기다. 비단 위에 그렸고 상궁 무술생 장씨가 시주했다. 화계사는 흥선대원군 집안 원찰이었기 때문에 고종 대에 많은 불

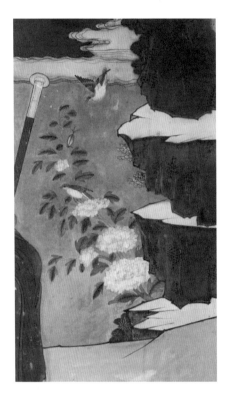

현등사 삼성각 독성탱의 배경에는 다른 탱화들에서 흔히 볼 수 없는 모란꽃과 새가 그려져 있다. 나반존자가 부귀를 가져다줄 것이라는 기대 때문이다.

사가 이루어졌고 이 탱화도 그 가운데 하나다. 녹색 장삼에 붉은 가사를 두른 나반존자가 너른 바위 위에 왼쪽 무릎을 올리고 오른손은 땅을 짚고 왼손은 지팡이를 잡은 채 앉았다. 머리에는 두광이 있어 아라한과를 얻은 존자임이 드러난다. 삭발한 머리 가운데는 붉은 원이 있는데 이는 깨달음의 징표로 다음 단계에서 살이 솟아오른 모습으로 바뀐다. 얼굴은 눈썹과 수염이 모두 백발이어서 마치 부처님 10대 제자 가운데 가섭처럼 보인다. 많은 독성탱 나반존자의 생김새가 이러한데 현등사 나반존자는 우리 절에서 만날 수 있는 노스님처럼 친근하다. 나한탱 속 아라한처럼 과장되지 않았고 서역인 생김새도 아니어서 훨씬 친숙하다.

이런 점에서 독성탱이 산신탱과 더불어 가장 토속성 짙은 불화가 된다.

홀로 수행하는 성인이어서 주변에 아무도 없지만 이후 시중드는 동자들이 나와 과일 쟁반 등을 받치기도 하는데 이는 나한탱에서 받은 영향일 것이다. 바닥은 바위이고 뒤에는 소나무가 자라고 왼쪽 아래로 물이 흐르는 것은 산신탱의 배경과 같다. 조선 산천 3대 요소가 나오기 때문에 이곳이 남인도 천태산이 아니라 한국 산천이라는 생각이 든다. 그리하여 독성각 또한 산신각처럼 절 가장 높은 곳에 세워진다.

도상에서 특이한 부분은 모란꽃이 피고 가지에 2마리 새가 있는 장면이다. 마치 화조화가 그림 속으로 들어간 듯한데 이것은 다른 조선 탱화에서는 전혀 못 보던 것이다. 모란은 독성탱에 가장 흔하게 나오는 꽃으로 모란의 상징은 부귀이니 이는 나반존자가 중생들에게 부귀를 가져다준다는 의미일 것이다. 중생이 받고자 하는 복덕 가운데 부귀만 한 복덕은 없기 때문이다. 바로 이 점이 19세기 각 절에서 앞다투어 독성탱을 조성한 하나의 이유다.

칠성각, 북극성과 북두칠성이
부처로 사는 집

칠성각七星閣의 주존은 치성광여래熾盛光如來다. 치성광여래는 북극성을 여래화한 것이다. 도교는 북극성을 자미대제로 의인화했고 불교는 이를 치성광여래로 여래화했다. 도교에서는 북극성을 북극진군이라고도 불렀으니 북극진군이나 자미대제는 모두 같은 말이다. 또한 도교에서는 북두칠성을 칠원성군七元星君으로 의인화했고 불교에서는 칠성여래로 여래화했다. 그래서 북극성과 북두칠성은 모두 여래 칭호를 얻게 되었다.

칠원성군이 칠성여래로 변모하는 것은 당나라 시기에 일어난다. 성군이 여래로 높아진 것은 북두칠성의 중요도 때문일 것이다. 조선 후기에 치성광여래와 칠성여래가 한 화면 안에서 같이 모셔지는데 이를 치성광여래탱이라 부르지 않고 칠성탱이라고 부르는 이유는 무엇일까. 비록 탱화의 본존은 치성광여래이지만 중생들이 칠성여래를 더 중요시했던 것은 불교 이전에 칠성신을 믿었던 사람들의 믿음 때문일 것이다. 즉 산신과 같은 존재가 칠성신이고 이 칠성신을 불교화한 것이 칠성여래니까 칠성각 또한 산신각과 나란히 자리 잡는다. 산신각과 독성

봉원사 칠성각. 하늘의 별인 북극성과 북두칠성이 부처로 변해 사는 집이다.

각은 산이라는 공간이 공통점이고 산신각과 칠성각은 토속신앙이라
는 점이 공통점이다 보니 산신각, 독성각, 칠성각은 하나로 합쳐질 근
거를 가진 셈이다. 독성의 성聖과 칠성의 성星은 다른 글자이지만 발음
이 같아 이들을 삼성이라 부르지 않았을까 생각한다.

　한국 절의 많은 칠성각 가운데 봉원사 칠성각으로 가 보자. 1864년
에 보수한 기록이 있는 건물로 정면 3칸, 측면 1칸이다. 이때 치성광여
래상도 만들었을 것이다. 흙으로 빚어 93cm 높이로 단독으로 모셨다.
칠성각에서 조각상은 대개 치성광여래만 독존으로 모신다. 정식으로
하면 좌우보처인 일광보살과 월광보살도 모셔야 하지만 칠성각에서
주된 신앙 대상은 칠성여래이기 때문에 일광·월광보살은 생략한다.

봉원사 칠성각 치성광여래상. 북극성을 부처로 모신 상이다.

봉원사 칠성각 치성광여래의 얼굴은 조선 후기 나한상만큼이나 토속성이 있다. 머리에 나발과 상투구슬만 없다면 아라한이라고 봐도 좋을 듯하다. 얼굴 가득 웃음을 띤 것이나 코가 뭉툭한 것이나 다른 여래의 얼굴과는 달리 익살스럽다. 이런 토속성 덕분에 칠성각은 여래를 모셨지만 칠성전으로 불리기보다는 칠성각으로 불리는 것이 아닐까. 치성광여래는 선정 손짓(선정인)을 하고 손바닥 위에 커다란 붉은 구슬을 놓았다. 이는 치성광여래를 상징하는 북극성일 것이다. 둥근 물체를 붉게 칠하여 붉은 구슬처럼 되었지만 환하게 빛나는 북극성을 표현한 것이다. 원래 다른 칠성각의 치성광여래는 설법 손짓을 취하거나 설법 손짓 상태에서 금륜을 왼손 위에 놓거나 하는데 봉원사 치성광여래는 다르다. 아마도 약사여래가 지니는 약 단지에서 생각을 빌려 왔을 수도 있다.

여래는 몸을 금으로 칠하지만 여기서는 분칠을 했고 소라 머리털도 보통 검은색이지만 여기서는 붉은 별과 대비시키려고 푸른색으로 했다. 물론 지금 상태로 채색을 한 때가 1864년 처음 만들 때였는지는 확실하지 않다. 19세기 말 만든 치성광여래상 가운데 독창성이 있는 작품인데 아마도 봉원사가 왕실 원찰이었던 것이 큰 이유일 것이다.

칠성각 주존인 치성광여래상을 만났으니 칠성각 후불탱인 칠성탱을 보러 동학사 삼성각으로 가 보자. 삼성각 중앙에 치성광여래상은 모시지 않고 탱화만 걸었다. 이 당시 유행대로 면 바탕에 그렸다. 화기畵記가 없어 시기를 알 수 없지만 동학사 탱화가 대거 봉안되는 1898년에 모셨을 것으로 추정한다. 수미단과 연화좌 위에 치성광여래가 설법 손짓을 하고 가부좌를 틀었다. 그런데 수미단 좌우에 황금바퀴 한 짝이 달려 있고 바퀴에 묶은 끈이 흰 소의 멍에에 연결되어 있다. 이는 고려시대 치성광여래도부터 내려온 도상으로 치성광여래가 하늘에서 흰 소가 끄는 금륜수레를 타고 내려오는 모습이 변형된 것이다. 치성광여래 수미단에 바퀴를 달아 수레처럼 보이게 만드는 창의성을 발휘했다.

치성광여래의 좌우보처는 일광보살과 월광보살로 이는 약사여래의 좌우보처와 같다. 치성광여래가 약사여래의 좌우보처를 빌려 왔을 것이다. 양 보살 모두 두 손으로 여의를 들었고 일광보살과 월광보살의 중요 도상인 보관에 있는 해와 달도 빼놓지 않았다. 이들 좌우로 오량관을 쓰고 홀을 든 칠원성군 여섯이 자리했고 나머지 1명은 두 번째 줄 왼쪽 끝에 있다. 성군 숫자가 홀수이니까 1명은 위로 올린 것인데 그래서 칠성여래는 두 번째 줄 오른쪽에 셋, 왼쪽에 둘 서고 나머지 둘

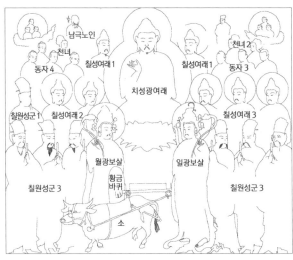

동학사 삼성각 칠성탱과 배치도.

은 신광 좌우에 섰다. 그래서 치성광여래의 분신불 같아 보인다.

위에는 천녀와 동자들이 좌우 대칭으로 서서 성군과 여래처럼 합장을 했는데 모두 같은 자세여서 단조롭다. 이것은 문화 말기 현상이기도 하다. 왼쪽 동자 무리 뒤에 보통 사람의 3배나 되는 머리통을 가진 남극노인이 등장했다. 남극노인은 조선 시대 도교 그림에서 가장 인기 있었던 인물로 남극성이 사람으로 변한 신선이다. 춘분과 추분 때 남극성을 보면 인간 수명이 늘어난다고 하여 즐겨 그렸는데 역시 인간 수명을 좌지우지하는 칠성여래 그림에 등장하여 칠성탱의 목적을 강화시켰다. 도교 인물이 칠성탱에 들어온 것은 칠성신앙이 토속신앙을 폭넓게 소화한 상황을 보여 준다.

이후 칠성탱에서 흰 소와 황금바퀴는 사라지고 대신 금륜이 치성광여래의 왼손에 올라간다. 즉 금륜수레가 바퀴 하나로 상징화된다. 아울러 좌우보처 보살인 일광보살과 월광보살이 생략되기도 한다. 이는 칠성각에 조각상을 치성광여래 단독으로 모시는 관습이 탱화에도 영향을 끼친 것으로 보면 된다.

안성 서운산 청룡사 부도밭.

제8장

절에서 나오며

쌍봉사 철감선사 부도 몸돌에 새긴 사천왕 조각.

부도, 스님의 돌무덤

목조건축의 세계인 절 건축에서 석등과 석탑에 이어서 불에 타지 않는 또 하나의 사물이 부도浮屠다. 부도는 원래 붓다를 음역한 말이다. 그렇지만 절에서 부도란 스님 사리탑을 말하고 그래서 이를 승탑僧塔이라고도 한다. 그렇다면 언제부터 부도를 조성했을까. 선종불교가 들어온 이후부터다. 왜 선종불교에서는 부도를 만드는가. 선종불교에서는 깨달음을 인가해 주는 스승의 존재가 중요하기 때문에 스승의 사리를 모셔 스승에 대한 존경을 나타내는 것이다.

우리나라에서 처음으로 부도를 세운 때는 전국에 9개 대표 선종 절이 세워지는 구산선문九山禪門 시기(9~10세기)부터다. 각 선문을 열었던 조사祖師가 열반에 들면 그 제자들이 화장하고 사리를 수습하여 부도를 세웠던 것이 한국 부도의 출발이다. 이와 함께 조사의 일생을 비석에 새겨 부도 옆에 같이 세웠다. 이를 부도비 혹은 탑비塔碑라 부른다. 비석 문장은 유학자 가운데 명문장가가 짓고 글씨는 명필이 쓰는 것이 전통이 되었다. 탑비가 불교미술이어도 문장과 글씨는 유학자의 힘을 빌렸다. 이는 신라가 불교 국가였기 때문에 가능했고 이 전통은 고려

쌍봉사 철감선사 부도(철감선사 탑).

쌍봉사 철감선사 부도에 새겨진 여러 문양들.
왼쪽 위부터 반시계 방향으로 사자, 가릉빈가(상상의 새), 비천상.

로 이어져 조선 시대 내내 계속된다. 그리하여 탑비는 한 시대 문화 역량의 결정체가 되었다.

비석 받침돌은 거북이 조각으로 받쳐서 귀부龜趺라 부르고 머릿돌은 이무기(용)를 조각하여 이수螭首라 부른다. 대개 귀부와 이수는 화강암으로 하고 비석 몸체(비신碑身)는 오석烏石과 같은 검은 돌로 한다. 귀부와 이수와 달리 비석 몸체는 자주 파손되어 몸체 없이 귀부와 이수만 남아 있는 경우도 많다. 한편 모든 부도에 탑비가 있는 것은 아니다.

한국에서 부도는 처음에는 탑 모양에서 출발하는데 이는 석가모니

쌍봉사 철감선사 부도 옆에 있는 탑비 앞면과 뒷면.
비석 몸체는 사라지고 귀부와 이수만 남았다.

불 사리탑의 영향이었다. 곧이어 부처 사리탑과 구별하기 위하여 사각
에서 팔각으로 변화한다. 이 팔각당형八角堂形 부도가 고려 때까지 이어
지다가 고려 말기에 석종 형태로 단순화되어 조선 시대 내내 유지되었
다. 탑비 형태는 부도와 달리 귀부와 이수를 쓰는 것이 조선 시대까지
도 유지되는데 이는 유학자 신도비 역시 귀부와 이수를 사용했기 때
문이 아닌가 생각한다.

　　팔각당형 부도의 대표는 전남 화순 사자산 쌍봉사에 있는 철감선사
徹鑒禪師 부도(철감선사 탑)다. 철감선사는 강원 영월 사자산문獅子山門
을 창시한 개산조이고 남쪽으로 내려와 쌍봉사를 창건했다. 868년에
71세 나이로 입적하자 신라 경문왕이 철감이란 시호를 내리고 부도와
탑비를 건립하게 했다. 철감선사 부도는 신라 말 세워진 부도 가운데

쌍봉사 철감선사 탑비 이수에 새겨진 3마리 용들.
서로 엉켜 화염주를 희롱하는 모습이 장관이다.

정점에 있는 작품이다. 아래 받침돌의 구름과 사자, 위 받침돌의 가릉
빈가(상상의 새), 몸돌의 사천왕과 비천, 지붕돌의 기왓골 조각에서 장
식미의 극치를 이루었다. 부도 전체 크기뿐만 아니라 비례, 조각 솜씨
등 어느 것 하나 흠잡을 데 없는 완벽한 부도다. 우리나라 모든 팔각당
형 부도 가운데 완성도에서 으뜸이고 통일신라 불교 문화에서 마지막
불꽃이다. 230cm의 크기 또한 거대하다. 당시 새로운 불교인 선종불교
세력의 건실함이 고스란히 담겨 있다.

　같이 만든 탑비(철감선사 탑비)는 몸체가 사라지고 현재 귀부와 이수
만 남았다. 이수에 전액篆額(전서체로 쓴 비석 이름)을 '쌍봉산고철감선
사비명雙峯山故徹鑒禪師碑銘'이라고 세로 두 줄로 새겼다. 이수에 새긴 용
3마리는 서로 엉켜 화염주火焰珠를 희롱하는데 단숨에 여의주를 물고
하늘로 올라갈 기세다. 귀부 조각 또한 기운생동하다. 두툼한 네 발은
풍만하고 고개를 발딱 쳐든 용 머리(원래는 거북이인데 용으로 바뀌었다)
는 당당한 표정을 지었다. 이렇듯 쌍봉사 스님들은 절 창건주인 철감선
사의 시절을 오늘날에도 생생하게 만나고 있다.

신륵사 보제존자 석종(위)과 석종비.
고려 말~조선 시대에
단순화된 부도의 모습을 대표한다.

받침과 몸돌과 지붕을 갖춘 팔각당형 부도가 석종 형태로 단순화되는 때가 고려 말이다. 받침돌과 지붕돌을 생략하고 팔각 몸돌을 종 모양으로 단순화한 이유는 아마도 시간과 돈이 절약되었기 때문일 것이다. 석종형으로 부도가 바뀌고 나서 조선 시대 대부분의 부도는 종형으로 만들어진다.

석종형 부도의 출발이 신륵사 보제존자普濟尊者 나옹懶翁 혜근惠勤(1320-1376)의 부도(보제존자 석종)다. 보제존자는 양주 회암사에서 밀양으로 내려가다 신륵사에서 57세 나이로 입적하여 제자들이 1379년에 스승의 부도를 신륵사에 세웠다. 네모난 기단 위에 네모난 받침돌을 2단으로 쌓고 그 위에 아무 장식이 없는 종 모양 몸돌을 올렸고 몸돌 위에는 화염이 있는 구슬을 올려 마무리했다. 총 높이는 190cm로 팔각당형 부도에 비하여 크기도 줄었다. 고려 시대 팔각당형 부도가 화려한 아름다움이었다면 조선 시대 석종형 부도는 단순한 아름다움이다. 보제존자 부도는 이후 모든 석종형 부도의 원형이 되었다.

부도 옆에 같이 세운 비석(보제존자 석종비)도 기존 귀부와 이수 조각을 벗어 버렸다. 그러니까 부도와 탑비 모두에서 혁신이 일어났다. 이는 아마도 고려 말 성리학을 배운 신진사대부들이 갖고 있던 단순·검소한 미감이 반영된 결과가 아닐까 생각한다. 거북 받침돌이 사각 연꽃 받침돌로 바뀌었고 이무기 머릿돌이 기와 지붕돌로 바뀌었다. 팔각당형 부도가 석종형 부도로 바뀐 것만큼이나 큰 변화다. 비석 몸체는 석회암으로 하고 양쪽에 화강암을 둘러 비석 몸체를 보호했다. 비문은 목은牧隱 이색李穡(1328-1396)이 지었고 글씨는 당대 명필인 한수韓脩(1333-1384)가 썼다. 『목은집』에는 「여강현신륵사보제사리석종기驪江縣神勒寺普濟舍利石鐘記」라는 글이 실려 있다.

석종형 부도는 조선 후기에 스승의 부도를 세우는 것이 관례화되면서 많이 세워져 절마다 부도의 숲인 부도림浮屠林이 조성되었다. 부도림은 대개 일주문 밖에 있어서 절을 들어갈 때나 빠져나올 때 처음 혹은 마지막으로 참배하는 공간이 된다. 이것이야말로 삶과 죽음은 둘이 아니라는 불교의 가르침을 공간으로 이야기하는 것이 아니겠는가.

도움받은 책

관조 사진, 이대암 글, 『사천왕』, 한길아트, 2005.

대한불교조계종 교육원 부처님의 생애 편찬위원회, 『부처님의 생애』, 조계종출판사, 2010.

문화재청, 불교문화재연구소, 『한국의 사찰문화재』.

백파 긍선, 김두재 옮김, 『작법귀감』, 동국대학교 출판부, 2010.

사찰문화연구원, 『전통사찰총서』 전 21권.

성보문화재연구원, 『한국의 불화』 전 40권.

이운허 옮김, 『법화경』, 동국대학교 역경원, 1990.

자현, 『불화의 비밀』, 조계종출판사, 2017.

자현, 『사찰의 상징세계 上, 下』, 불광출판사, 2012.

정병삼, 『그림으로 보는 불교 이야기』, 풀빛, 2002.

정병삼, 『오늘 나는 사찰에 간다』, 풀빛, 2003.

정병삼, 『한국불교사』, 푸른역사, 2020.

최완수, 『명찰순례 1~3』, 대원사, 1994.

최완수, 『한국불상의 원류를 찾아서 1~3』, 대원사, 2002~2007.

탁현규, 「불교미술로 보는 조선 왕실 불교 이야기」, 『사상으로 조선시대와 소통하다』, 민속원, 2012.

탁현규, 「진경시대 탱화」, 『진경문화』, 현암사, 2014.

탁현규, 『조선시대 삼장탱화 연구』, 신구문화사, 2011.

도판 목록과 출처

- 작품 크기는 세로 X 가로 순서로 표기했다.
- 탱화는 바탕 재료가 비단인 경우에는 표시하지 않고 다른 재질인 경우에만 밝혔다.
- 본문에 실린 사진 중 일부는 여러 노력에도 불구하고 저작권자를 찾지 못했다.
  저작권자가 확인되는 대로 성실히 허가 절차를 밟겠다.

완주 송광사 나한전 동자상 ©탁현규

들어가는 글
영주 부석사 경내 ©탁현규

_____

제1장 절로 들어가며
순천 선암사 가는 길 ©지식서재
순천 선암사 입구 ©지식서재

무지개다리, 이 언덕에서 저 언덕으로 건너가는 다리
정선, <장안사>, 1711년, 비단, 35.7 X 36.6cm ©공공누리/국립중앙박물관
순천 선암사 승선교, 1713년 ©지식서재
순천 송광사 우화각, 1707년 ©탁현규
순천 선암사 강선루 ©지식서재

_____

제2장 깨달음의 세계로 들어가는 3개의 문
공주 마곡사 천왕문 ©지식서재
순천 송광사 일주문 ©탁현규

일주문, 부처의 세계로 들어가는 문

순천 선암사 일주문, 1719년 ©탁현규

부산 범어사 일주문, 1694년 ©탁현규

구례 화엄사 일주문, 1632년 ©탁현규

구례 화엄사 일주문 현판, 1636년, 127 X 184cm ©탁현규

금강문, 2명의 금강역사가 지키는 문

구례 화엄사 금강문, 1632년 ©지식서재

구례 화엄사 금강문 금강역사상, 1632년, 흙, 높이 269.5m ©탁현규

구례 화엄사 금강문 금강역사상, 1632년, 흙, 높이 273cm ©탁현규

구례 화엄사 금강문 문수동자상, 1632년, 흙, 높이 211.5cm ©지식서재

구례 화엄사 금강문 보현동자상, 1632년, 흙, 높이 219.5cm ©지식서재

하동 쌍계사 금강문 보현동자상, 1705년, 나무, 높이 156cm ©탁현규

천왕문, 4명의 천왕이 지키는 문

구례 화엄사 천왕문, 1632년 ©탁현규

구례 화엄사 천왕문 서방 광목천왕상과 북방 다문천왕상 ©탁현규

구례 화엄사 천왕문 남방 증장천왕상과 동방 지국천왕상 ©탁현규

구례 화엄사 천왕문 동방 지국천왕상, 1632년, 흙, 높이 500cm ©지식서재

구례 화엄사 천왕문 남방 증장천왕상, 1632년, 흙, 높이 500cm ©지식서재

구례 화엄사 천왕문 서방 광목천왕상, 1632년, 흙, 높이 500cm ©지식서재

구례 화엄사 천왕문 북방 다문천왕상, 1632년, 흙, 높이 500cm ©지식서재

완주 송광사 천왕문 동방 지국천왕 시종상, 1649년, 흙 ©탁현규

장성 백양사 천왕문 악귀상, 1917년, 나무 ©탁현규

경주 불국사 천왕문 악귀상 ©탁현규

순천 송광사 천왕문 동방 지국천왕상, 1628년, 흙, 높이 403cm ©탁현규

─────────

제3장 절 마당

구례 화엄사 마당 ©지식서재

영주 부석사 범종루에서 내려다본 마당 ©지식서재

루(다락집), 전망 좋은 2층집

구례 화엄사 보제루, 1636년 ©탁현규

구례 화엄사 보제루 현판, 1636년 ©탁현규

영주 부석사 범종루 ©탁현규

영주 부석사 범종루 1층 기둥과 계단 ©지식서재

영주 부석사 범종루 법고, 목어, 운판 ©탁현규

영주 부석사 범종각 범종 ©한국관광공사/김지호

영주 부석사 안양루 1층 기둥과 계단 ©지식서재

영주 부석사 안양루 정면 ©지식서재

영주 부석사 안양루 후면 ©지식서재

영주 부석사 안양루에서 내려다본 백두대간 ©지식서재

석등, 부처님의 법을 밝히는 돌등

영주 부석사 무량수전 석등, 9세기 후반, 높이 307cm ©공공누리/국가문화유산포털

영주 부석사 무량수전 석등 화사석 ©탁현규

구례 화엄사 각황전 석등, 928년경, 높이 640cm ©지식서재

구례 화엄사 공양석등, 8세기 말, 높이 280cm ©탁현규

구례 화엄사 공양석등 공양자상 ©탁현규

석탑, 부처님의 사리를 모신 돌무덤

구례 화엄사 4사자3층석탑, 8세기 말, 높이 671cm ©탁현규

구례 화엄사 4사자3층석탑 석가모니불상 ©탁현규

경주 불국사 다보탑, 751~771년, 높이 10.4m ©탁현규

경주 불국사 석가탑, 751~771년, 높이 10.6m ©탁현규

제4장 부처가 사는 집

영주 부석사 무량수전 ©지식서재

순천 선암사 대웅전 천장의 용 머리 장식 ©공공누리/국가문화유산포털

대웅전, 큰 영웅 석가모니불이 사는 집

예산 수덕사 대웅전, 1308년 ©탁현규

경주 석굴암 입구 ©공공누리/한석홍

경주 석굴암 석가모니불상, 높이 345cm ©공공누리/한석홍

경주 석굴암 배치도 ©지식서재

경주 석굴암 10대 제자상, 높이 240~248cm ©공공누리/한석홍

경주 석굴암 보현보살상, 문수보살상, 제석천상, 범천상, 높이 244~249cm ©공공누리/
한석홍

경주 석굴암 사천왕상, 높이 249cm ©공공누리/한석홍

경주 석굴암 금강역사상, 높이 250cm ©공공누리/한석홍

경주 석굴암 팔부중, 높이 232cm ©공공누리/한석홍

양산 통도사 영산전 영산탱, 1734년, 339X233cm ©공공누리/국가문화유산포털

양산 통도사 영산전 영산탱 배치도 ©지식서재

화성 용주사 대웅보전 후불탱, 1790년, 419X350cm ©성보문화재연구원

화성 용주사 대웅보전 후불탱 배치도 ©지식서재

순천 선암사 서부도전 감로탱 1736년, 167.5X242cm ©공공누리/국가문화유산포털

대구 동화사 대웅전 삼장탱, 1728년, 176.5X274cm ©공공누리/국가문화유산포털

대구 동화사 대웅전 삼장탱 배치도 ©지식서재

대구 동화사 대웅전 1728년 작 신중탱(제석도), 97.7X95cm ©공공누리/국가문화유산
포털

대구 동화사 대웅전 1728년 작 신중탱 배치도 ©지식서재

대구 동화사 대웅전 1765년 작 신중탱(천룡도), 91.5X83cm ©공공누리/국가문화유산
포털

대구 동화사 대웅전 1765년 작 신중탱 배치도 ©지식서재

국립중앙박물관 1750년 작 신중탱(제석신중도), 173.3X203cm ©공공누리/국립중앙박
물관

국립중앙박물관 1750년 작 신중탱 배치도 ©지식서재

영천 은해사 괘불탱, 1750년, 1165X554cm ©공공누리/국가문화유산포털

공주 마곡사 괘불탱, 1687년, 1100X700cm ©공공누리/국가문화유산포털

공주 마곡사 괘불탱 배치도 ©지식서재

보은 법주사 괘불탱, 1766년, 1349X579cm ©성보문화재연구원

여수 흥국사 대웅전 관세음보살벽화, 1693년, 흙벽에 종이, 393.5×289.5cm ©공공누리/국가문화유산포털

팔상전, 부처님 일생을 8폭 그림으로 건 집

여수 흥국사 팔상전, 17세기 ©탁현규

순천 송광사 영산전 팔상탱, 1725년, 8폭 각각 125×118cm ©공공누리/국가문화유산포털

대광명전, 부처님 법이 몸을 갖춘 비로자나불이 사는 집

양산 통도사 대광명전, 1758년 ©공공누리/국가문화유산포털

구례 화엄사 대웅전 석가모니불상, 1635년, 높이 245cm ©공공누리/국가문화유산포털

구례 화엄사 대웅전 비로자나불상, 1635년, 높이 280cm ©공공누리/국가문화유산포털

구례 화엄사 대웅전 노사나불상, 1635년, 높이 264cm ©공공누리/국가문화유산포털

구례 화엄사 대웅전 석가모니불탱, 1757년, 437×297cm ©공공누리/국가문화유산포털

구례 화엄사 대웅전 석가모니불탱 배치도 ©지식서재

구례 화엄사 대웅전 비로자나불탱, 1757년, 437×294cm ©공공누리/국가문화유산포털

구례 화엄사 대웅전 비로자나불탱 배치도 ©지식서재

구례 화엄사 대웅전 노사나불탱, 1757년, 437×296cm ©공공누리/국가문화유산포털

구례 화엄사 대웅전 노사나불탱 배치도 ©지식서재

양산 통도사 대광명전 비로자나불상, 1759년, 나무, 높이 150cm ©탁현규

양산 통도사 대광명전 석가모니불탱, 1759년, 삼베, 386×178cm ©공공누리/국가문화유산포털

양산 통도사 대광명전 석가모니불탱 배치도 ©지식서재

양산 통도사 대광명전 비로자나불탱, 1759년, 삼베, 423×299cm ©공공누리/국가문화유산포털

양산 통도사 대광명전 비로자나불탱 배치도 ©지식서재

양산 통도사 대광명전 노사나불탱, 1759년, 삼베, 386×175cm ©공공누리/국가문화유산포털

양산 통도사 대광명전 노사나불탱 배치도 ©지식서재

.

극락전, 극락의 주인 아미타불이 사는 집

영천 은해사 백흥암 극락전, 1643년 ©탁현규

양산 통도사 극락보전 삼존불상, 1740년, 아미타불 높이 129.5cm, 관세음보살 높이
　　110.5cm, 대세지보살 높이 113.5cm ©탁현규

양산 통도사 극락보전 아미타불탱, 1740년, 235×295cm ©공공누리/국가문화유산포털

양산 통도사 극락보전 아미타불탱 배치도 ©지식서재

문경 대승사 대웅전 목각아미타불탱(목각아미타여래설법상), 1675년, 347.6×280.5cm
　　©공공누리/국가문화유산포털

문경 대승사 대웅전 목각아미타불탱 배치도 ©지식서재

예천 용문사 대장전 목각아미타불탱(목각아미타여래설법상), 1684년, 265×218cm ©
　　공공누리/국가문화유산포털

약사전, 병을 고쳐 주는 약사불이 사는 집

순천 송광사 약사전, 1751년 ©공공누리/국가문화유산포털

순천 송광사 약사전 약사불상, 1780년, 나무, 높이 68cm ©공공누리/국가문화유산포털

순천 송광사 약사전 약사불탱(약사여래도), 1725년, 109.5×114.5cm ©송광사성보박
　　물관

순천 송광사 약사전 약사불탱 배치도 ©지식서재

제5장 보살이 사는 집

공주 마곡사 명부전 ©지식서재

공주 마곡사 명부전 창호 문양 ©공공누리/국가문화유산포털

명부전, 지옥 왕들에게 죄를 심판받는 집

여주 신륵사 명부전 ©탁현규

여주 신륵사 명부전 배치도 ©지식서재

여주 신륵사 명부전 지장삼존상, 1671년, 나무, 지장보살상 높이 100cm, 도명존자상 높
　　이 136cm, 무독귀왕상 높이 146cm ©탁현규

여주 신륵사 명부전 왼쪽 시왕상과 소왕상, 1671년, 나무, 높이 135cm 내외 ©탁현규

여주 신륵사 명부전 오른쪽 시왕상과 소왕상, 1671년, 나무, 높이 135cm 내외 ©탁현규

여주 신륵사 명부전 왼쪽 판관상과 사자상, 1671년, 나무 ©탁현규

여주 신륵사 명부전 오른쪽 판관상과 사자상, 1671년, 나무 ©탁현규

여주 신륵사 명부전 장군상, 1671년, 나무 ©탁현규

여주 신륵사 명부전 인왕상, 1671년, 나무 ©탁현규

여수 흥국사 무사전 동자상, 1648년, 나무, 높이 140cm ©탁현규

가평 현등사 지장전 지장탱, 1759년, 151×212.5cm ©공공누리/국가문화유산포털

가평 현등사 지장전 지장탱 배치도 ©지식서재

온양민속박물관 시왕탱 가운데 제5폭 염라대왕탱, 1720~1730년대, 117×73cm ©성보
　　문화재연구원

관음전, 현실 고통을 없애 주는 관세음보살이 사는 집

대구 파계사 원통전, 1606년 ©탁현규

순천 송광사 관음전, 1902년 ©탁현규

순천 송광사 관음전 관세음보살상, 1662년, 나무, 높이 92.3cm ©공공누리/국가문화유
　　산포털

여수 흥국사 원통전 관음탱(수월관음도), 1723년, 224×165cm ©공공누리/국립문화재
　　연구소

여수 흥국사 원통전, 1624년 ©공공누리/국가문화유산포털

———————

제6장 옛 스님들이 사는 집

경주 기림사 응진전 500나한상 ©탁현규

여주 신륵사 조사당 추녀 ©공공누리/국가문화유산포털

나한전, 번뇌를 떨친 아라한이 사는 집

해남 미황사 응진당, 1751년 ©공공누리/국가문화유산포털

해남 미황사 응진당 배치도 ©지식서재

해남 미황사 응진당 석가모니불상·제석천·범천·아난존자상·가섭존자상, 1751년, 나무,
　　석가모니불상 높이 84.5cm, 제석천상 높이 75cm, 범천상 높이 78cm, 아난존자상 높
　　이 93.9cm, 가섭존자상 높이 88cm ©공공누리/국가문화유산포털

해남 미황사 응진당 왼쪽 나한상·사자상·인왕상, 1751년, 나무, 나한상 높이 70~78cm, 사

자상 높이 84cm, 인왕상 높이 110~117cm ©공공누리/국가문화유산포털
해남 미황사 응진당 오른쪽 나한상·사자상·인왕상, 1751년, 나무, 나한상 높이 70~78cm,
　　사자상 높이 84cm, 인왕상 높이 110~117cm ©공공누리/국가문화유산포털
여수 흥국사 응진당 배치도 ©지식서재
여수 흥국사 응진당 16나한탱, 1723년, 6폭 각각 161X218cm ©공공누리
영천 은해사 거조암 영산전 500나한상, 1375년, 돌, 높이 39.8~53cm ©탁현규
경주 기림사 응진전 500나한상, 1729년, 돌, 높이 18~60cm ©탁현규

조사전, 스승의 진영을 모신 집
영주 부석사 조사당, 1377년 ©탁현규
여주 신륵사 조사당 내부 ©탁현규
순천 송광사 국사전 ©탁현규
순천 송광사 국사전 내부 ©퍼블릭 도메인
순천 송광사 국사전 보조국사 지눌 진영, 1780년, 135X77.5cm ©공공누리/국가문화유
　　산포털
대구 동화사 보조국사 지눌 진영, 18세기 초, 147X79cm ©공공누리/국가문화유산포털
대구 동화사 사명당 유정 진영, 18세기 초, 삼베, 107X70cm ©공공누리/국가문화유산
　　포털

제7장 토속신앙과 만난 집
정읍 내장사 삼성각 ©한국관광공사/김지호
공주 갑사 삼성각 ©탁현규

산신각, 산신이 사는 집
대구 파계사 산령각 ©탁현규
공주 동학사 삼성각 산신상, 19세기, 돌, 높이 47cm ©탁현규
서울 봉원사 산신탱, 1905년, 면 ©공공누리/국가문화유산포털

독성각, 홀로 수행하는 성인이 사는 집
서울 진관사 독성전, 1907년 ©공공누리/국가문화유산포털

가평 현등사 삼성각 독성탱, 1875년, 117X139cm ⓒ공공누리/국가문화유산포털

칠성각, 북극성과 북두칠성이 부처로 사는 집

서울 봉원사 칠성각, 1864년 ⓒ공공누리/국가문화유산포털

서울 봉원사 칠성각 치성광여래상, 1864년, 흙, 높이 93cm ⓒ탁현규

공주 동학사 삼성각 칠성탱, 19세기, 면, 125X153cm ⓒ탁현규

공주 동학사 삼성각 칠성탱 배치도 ⓒ지식서재

제8장 절에서 나오며

안성 청룡사 부도밭 ⓒ탁현규

화순 쌍봉사 철감선사 부도 몸돌 ⓒ탁현규

부도, 스님의 돌무덤

화순 쌍봉사 철감선사 부도, 868년, 높이 161.5cm ⓒ탁현규

화순 쌍봉사 철감선사 부도 사자 문양 ⓒ탁현규

화순 쌍봉사 철감선사 부도 가릉빈가 문양 ⓒ탁현규

화순 쌍봉사 철감선사 부도 비천 문양 ⓒ탁현규

화순 쌍봉사 철감선사 부도비(탑비) 앞, 868년, 높이 177.5cm ⓒ탁현규

화순 쌍봉사 철감선사 부도비(탑비) 뒤 ⓒ탁현규

화순 쌍봉사 철감선사 부도비(탑비) 이수 용 문양 ⓒ탁현규

여주 신륵사 보제존자 석종, 1379년, 높이 190cm ⓒ탁현규

여주 신륵사 보제존자 석종비, 1379년, 높이 212cm ⓒ탁현규

하동 쌍계사 명부전 동자상 ⓒ탁현규

이 도서는 한국출판문화산업진흥원의
'2021년 출판콘텐츠 창작 지원 사업'의 일환으로
국민체육진흥기금을 지원받아 제작되었습니다.

누구나 찾지만 잘 알지 못하는 사찰을 구석구석 즐기는 방법
아름다운 우리 절을 걷다

초판 1쇄 발행 | 2021년 9월 27일
초판 3쇄 발행 | 2022년 8월 25일

지은이 탁현규
발행인 강혜진 · 이우석

펴낸곳 지식서재
출판등록 2017년 5월 29일(제406-251002017000041호)

주소 (10909) 경기도 파주시 번뛰기길 44
전화 070-8639-0547
팩스 02-6280-0541

블로그 blog.naver.com/jisikseoje
네이버 포스트 post.naver.com/jisikseoje
페이스북 www.facebook.com/jisikseoje
트위터 @jisikseoje
이메일 jisikseoje@gmail.com

부록3: 불보살의 손짓과 자세

불상과 불화에서 볼 수 있는 불보살(부처와 보살)의 여러 가지 손짓은 수인(手印)이라고 한다.
이와 관련해 전해지는 이야기는 다음과 같다.

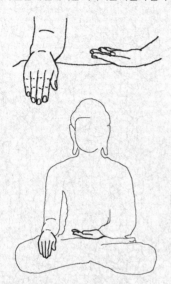

항마촉지인(降魔觸地印, 마군을 항복시키는 손짓): 싯다르타 태자는 보리수 아래서 깨달음을 얻고 부처가 된 뒤 마군들의 항복을 받는다. 이를 증명하기 위해 오른손으로 땅을 가리키면서 지신(地神)을 불러내는데 이때 했던 손짓이다. 왼손은 참선할 때의 손짓인 선정인 자세를 한다.

지권인(智拳印, 지혜주먹 손짓): 왼손을 주먹 쥔 상태에서 검지를 뻗고 이를 오른손으로 감싸서 가슴 가운데에 놓는 손짓이다. 왼손은 중생을, 오른손은 부처를 상징하는데 중생과 부처가 둘이 아니라는 의미다. 비로자나불의 손짓이다. 이것이 변형되어 왼 주먹을 오른손이 감싸기도 한다.

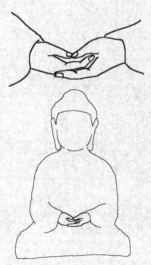

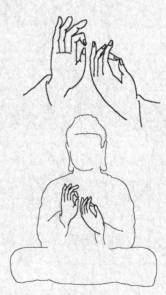

선정인(禪定印, 참선 손짓): 두 손바닥을 위로 향하게 펴고 왼손 위에 오른손을 포개어 배꼽 부근에 놓는 손짓이다. 불교에서 선정에 들 때 기본으로 하는 손짓이다. 싯다르타 태자가 보리수 아래서 선정에 들었을 때 이 손짓을 했다.

초전법륜인(初轉法輪印, 최초의 설법 손짓): 오른손과 왼손을 위아래에서 공을 쥐듯이 맞닿을 듯하게 하여 배 앞에 놓는 손짓이다. 석가모니불이 최초의 다섯 비구에게 첫 설법을 할 때 이 손짓을 했다.

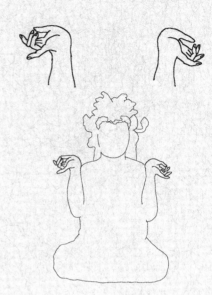

설법인(說法印, 설법 손짓): 설법인에는 2가지가 있다. 첫 번째가 아미타불과 약사불의 설법인이다. 두 손의 엄지와 중지를 닿을 듯 구부려 오른손은 가슴 오른쪽으로 올리고 왼손은 배 왼쪽으로 내린 손짓이다. 약사불은 왼 손바닥을 펴서 약함을 드는 것이 기본이다. 두 번째가 화엄대법을 설하는 노사나불의 설법인이다. 양팔을 어깨까지 들어 올려 90도로 꺾은 후 두 손바닥을 위로 향하게 하는 손짓이다.

가부좌(跏趺坐): 왼쪽 다리를 접고 그 위로 오른쪽 다리를 접어 포개어 앉는 자세다. 그래서 오른쪽 발바닥만 보이게 된다. 모든 부처님이 앉을 때 자세다. 보살도 가부좌를 튼다. 가부좌를 트는 것을 결가부좌라고 한다.

반가부좌(半跏趺坐): 반만 가부좌를 틀었다 하여 반가부좌라고 한다. 가부좌에서 왼쪽 다리를 빼서 아래로 내리면 된다. 반가부좌는 오른쪽 발목이 왼쪽 무릎 위에 놓인 경우와 놓이지 않은 경우 2가지로 나뉜다. 보살이 앉을 때 취하는 자세다. 부처는 반가부좌를 틀지 않는다.